ALLES IST GIFT!

AUF DIE DOSIS KOMMT ES AN

STEFAN WILFERT

GEWIDMET ALLEN GIFTTIEREN,
DIE MICH NICHT GEBISSEN ODER
GESTOCHEN HABEN

VORWORT

QUECKSILBER IN ZAHNPLOMBEN, Dioxin in Hühnereiern und Schweinefleisch, Formaldehyd in Kunststoffprodukten, Bisphenole in Babyschnullern, PCB in der Muttermilch, Arsen im Grundwasser – Schlagzeilen wie diese kann man in wechselnden Zeitabständen in den Zeitungen lesen. Längst haben wir uns daran gewöhnt, dass auf Zigarettenschachteln vor den tödlichen Gefahren des Rauchens gewarnt wird, unsere Umwelt mehr und mehr mit giftigen Abfällen unserer Zivilisation belastet und zur Müllkippe wird. Eigentlich müssten wir bei so viel Gift um uns herum und in unserer Nahrung schon längst ausgestorben sein. Doch das Gegenteil ist der Fall, wir werden immer älter, die Menschheit vermehrt sich in einem atemberaubenden Tempo. Alles daher übertrieben?

Schuld daran, dass wir heute mit derartigen Katastrophennachrichten überschüttet werden, sind die Toxikologen, die Spezies Wissenschaftler, die sich professionell mit Giften beschäftigt. Mit ihren modernen Apparaten und Analysemethoden gelingt es ihnen heutzutage, auch noch die geringsten Spuren eines Giftes in unseren Lebensmitteln, im Trinkwasser, im Blut und sogar in der Muttermilch nachzuweisen. Doch Umweltgifte gab es schon immer, früher vielleicht sogar mehr als heute. Wir wussten es nur nicht und lebten daher sorgenfreier, nicht aber unbedingt gesünder. Denn: Der Mensch hält eben erstaunlich viel aus!

Doch was versteht man eigentlich unter Gift? Wer dies wissen möchte, steht vor einem Berg meist sehr wissenschaftlicher Literatur, die zu verstehen der Laie seine Schwierigkeiten hat. Da wimmelt es von Toxizitätsgrenzen, LD_{50}- und ppm-Angaben, Tabellen mit exotischen Namen (allein vom Dioxin gibt es mehr als 200 Verbindungen), mit denen er selten etwas anzufangen weiß. Dass Gifte in der Natur seit jeher vorhanden sind, Tiere und Pflanzen sich ihrer bedienen und sie Gifte produzieren, die unsere im Labor entwickelten in ihrer Wirksamkeit bei Weitem übertreffen, wird jedoch weithin unterschätzt.

Stefan Wilfert setzt hier an und versucht, uns diese angsteinflößende, aber gleichwohl faszinierende Welt der Gifte nahezubringen. Er verzichtet bewusst auf Formeln, lateinische Namen und komplizierte chemische Begriffe. Seine Annäherung an dieses Thema geschieht aus der Sicht eines Beobachters, der unbefangen notiert, was uns die Natur an Giften präsentiert und welche oft lebensbedrohlichen Erfahrungen er macht, wenn er damit in Kontakt kommt, wenn er etwa einen giftigen Pilz isst, von einem Skorpion gestochen oder von einer Schlange gebissen wird. Dass viele Giftkatastrophen der Mensch selbst anrichtet und er Gifte benutzt, Seinesgleichen auszuschalten, das heißt zu ermorden, offenbart sich in den dunklen Seiten seines Wesens. Dies ist gleichwohl keine Anleitung, selbst mit Giften zu experimentieren, für welchen Zweck auch immer.

Eine umfassende Darstellung zum Thema Gifte kann und will der Autor sicher nicht geben. Dies würde das Buch zu einem abschreckenden Wälzer machen, den man erfahrungsgemäß nie zu Ende liest. Ich denke jedoch, dass die Art und Weise, wie uns Gifte beschrieben werden, beim Leser Interesse und Verständnis sowie das viel gepriesene Problembewusstsein für diese Materie, die uns tagtäglich, meist unerkannt begegnet, geweckt werden.

Prof. Dr. Dietrich Mebs

GIFT IST MEIN HOBBY!

GIFT IST MEIN HOBBY??? Wie kann man sich als Hobby mit Giften beschäftigen? Weil man mal vergiftet wurde? Weil man jemanden vergiften will? Gab es einen Todesfall durch Gift im Umkreis? Habe ich Angst vor Giftpflanzen oder Giftpilzen?
Ja und nein! Es gab einen Vergiftungsfall in meiner Familie, der beinahe tödlich ausging. Ein Vipernbiss. Das Gift dieser Viper – es war eine Aspisviper, die im Mittelmeerraum relativ häufig ist – ist für Menschen nicht unbedingt tödlich. Aber wenn jemand allergisch ist zum Beispiel auf Tiergifte (Bienen, Wespen usw.), dann kann es schon dramatisch werden. Und welche Menge injiziert dabei die Schlange in den Menschen? Einen Tropfen, der etwa so groß ist: **O**! Mengenmäßig gesehen ein Nichts, eine Winzigkeit, tausendstel Gramm. Und das soll uns umbringen können? Ja! Schlicht und einfach: Ja!
Und davor haben wir alle Angst! Angst, dass uns eine Schlange beißt, dass unsere Kinder eine giftige Pflanze essen oder dass wir einen Giftpilz mit einem essbaren Pilz verwechseln. Und besteht diese Angst zu Recht? Wiederum: Ja und nein. Natürlich gibt es Opfer von Vergiftungen. Die wenigsten allerdings durch Tiere in Europa. Die bei Weitem meisten Gifttiere leben in den Tropen. Bei uns in Deutschland gab es in den letzten 60 Jahren nur einen tödlich verlaufenen Kreuzotterbiss. Hingegen sterben in Deutschland alljährlich 10 bis 15 Menschen am Stich einer Biene, Wespe oder Hornisse. Von den letztgenannten drei – und das stellt meine eigene praktische Erfahrung mit Gift dar – wurde ich auch schon gestochen. Außerdem von einem kleinen Skorpion und von einem giftigen Hundertfüßer, einem Skolopender.
Durch oben erwähnten Schlangenbiss sensibilisiert, entdeckte ich, dass wir umgeben sind von Giften! Keine große Erkenntnis, nichts Neues, aber packend genug, dem einmal nachzugehen.

Unternehmen Sie mit mir einen Spaziergang in die weite Welt der Gifte. Dort ist vieles spannend, interessant, bewunderns- und bestaunenswert und manchmal auch »gar erschröcklich«. Jedes Lebe-, Pflanzen und Pilzwesen bringt sich so gut durch sein Dasein, wie es geht und wie es eben ausgestattet ist. Und Sie werden sehen, dass Gifte nicht nur ein Fluch sind, sondern auch ein Segen: Im Unterhaus sagte einst die Sozialistin Bessy Smith zu Winston Churchill: »Wenn Sie mein Mann wären, würde ich Ihnen Gift in den Kaffee tun.« Worauf Churchill erwiderte: »Wenn Sie meine Frau wären, würde ich den Kaffee trinken!«

ES ERWARTET SIE KEIN FACHBUCH, in dem Sie mit chemischen Begriffen und Bestandteilen der Gifte angefüllt werden. Sie werden keine für Laien unverständliche Sätze finden wie: »Die Toxizität der Herzglykoside beruht auf ihrer Hemmung der Na^+, K^+–ATPase, einem Enzym, das als sog. Natriumpumpe das Ionengleichgewicht der Zelle aufrechterhält.« Das wird nicht geschehen, da können Sie Gift drauf nehmen! Und es erwartet Sie auch kein Buch, in dem ich Ihnen Ratschläge gebe, was zu tun ist, wenn Sie sich vergiftet haben! Die erhalten Sie nur in ganz allgemein gehaltenem Maße. Sie werden sehen, Vergiftungen sind viel zu kompliziert, als dass ein Nichtfachmann Ihnen da ratschlagen sollte. Das muss der Fachmann, der Toxikologe, tun! Das Buch will Ihnen ganz bestimmt keine Angst machen, sondern eher das Interesse wecken für diese faszinierende Welt des Giftes. Es will Ihnen trotz und gerade wegen dieses Themas eine unterhaltsame Übersicht geben.
In diesem Sinne: Viel Spaß mit meinem giftigen Cocktail.
Und bedenken Sie, Gift gibt es auch dort, wo Sie es gar nicht vermuten: SIE SIND UMGEBEN VON GIFT!

DAS GIFT

DER WEIN VERWANDELT OFT DIE SCHMUTZIGSTEN SPELUNKEN
IN SCHLÖSSER VOLLER MÄRCHENPRACHT,
UND SÄULENHALLEN ER VOR UNS ERSTEHEN MACHT
AUS ROTEM DUNST UND GOLDNEN FUNKEN,
WIE EINE SONNE, DIE VERSINKT IN NEBELNACHT.

DAS OPIUM WEITET AUS, WAS OHNE GRENZ' UND SCHRANKEN,
ES DEHNT DIE UNERMESSLICHKEIT,
ES HÖHLT DER WOLLUST RAUSCH, VERTIEFT DAS MEER DER ZEIT,
UND MIT GENÜSSEN, SCHWARZEN, KRANKEN
MACHT ES DIE SEELE ÜBERVOLL UND WEIT.

NICHTS ABER GLEICHT DEM GIFT AUS DEINEN GRÜNEN AUGEN,
DEN TIEFEN SEEN, DRIN GRAMERFÜLLT,
VERZERRT UND ZITTERND MALT SICH MEINER SEELE BILD,
AUS DENEN DURSTIGE TRÄUME SAUGEN
DIE TIEFE BITTERNIS, DIE QUALEN WECKT UND STILLT.

NICHTS ABER GLEICHT DEM GIFT, DEM GIFT VON DEINEM MUNDE,
DAS IN MIR WÜHLT UND MICH VERZEHRT,
DIE REUE TÖTET UND SCHAMLOS VERGESSEN LEHRT,
DEN WAHNSINN TRÄUFELT IN DIE WUNDE
UND MIT DEM IRREN GEIST TAUMELND ZUR HÖLLE FÄHRT.

CHARLES BAUDELAIRE [1]

ZU RISIKEN UND NEBENWIRKUNGEN FRAGEN SIE IHREN TOXIKOLOGEN

TAUSENDFÜSSER – EINIGE SONDERN BEI GEFAHR EIN STARK RIECHENDES, BLAUSÄUREHALTIGES SEKRET AB.

GIFT IST AUCH DAS DÄNISCHE WORT FÜR ›VERHEIRATET SEIN‹

»OHNE TOXIKOLOGIE KOMMEN WIR NICHT WEITER.« Diesen oder ähnliche Sätze findet man heute in jedem Kriminalroman, bei dem es um Delikte geht, bei denen dem Opfer mehr oder minder giftige Substanzen eingeflößt wurden. Gifte gibt es, seit sich Leben auf der Erde entwickelt hat. Darauf kommen wir noch zurück. Die Toxikologie aber, die Wissenschaft von den Giften, hat sich erst viel später entwickelt. Und – nicht unerwartet – sie begann in ihrer modernen Form mit einem Kriminalfall.

AUF SCHLOSS BITREMONT in der Nähe der belgischen Gemeinde Bury hatte man im November 1850 zum Mahle geladen. Die Gastgeber hießen Graf und Gräfin Bocarmé, beide hoch verschuldet. Der Gast war der Bruder der Gräfin, Gustave Fougnies. Er war reich und stand erstens buchstäblich nur mit einem Bein im Leben und zweitens kurz vor der Heirat mit einer Demoiselle de Dudzech. Bei einer Vermählung mit dieser aber wäre das Erbe an die Schwester, an eben jene Gräfin Bocarmé, verloren gegangen. Graf und Gräfin Bocarmé schmiedeten einen teuflischen Plan.

Sie luden den reichen Bruder zum Essen ein, der prompt während desselben tot vom Stuhl fiel. Graf Hippolyte Visard de Bocarmé goss gläserweise Weinessig in den Mund des Toten, um die Wirkung des tödlichen Giftes zu überdecken. Währenddessen entkleidete die Gräfin Lydie Bocarmé den Toten und warf die Kleidung in siedendes Seifenwasser. Danach scheuerte sie den Fußboden dort, wo der Bruder gestorben war. Nachdem der Todesfall gemeldet war, tat ein Untersuchungsrichter das, was er tun musste: Er untersuchte und ließ alle Organe des Toten entnehmen und sie einem Professor für Chemie übergeben. Dieser hieß Jean Servais Stas, 37 Jahre alt, und er sollte durch seine Forschungen an dem Toten in die Unsterblichkeit eingehen.

Er bestätigte erst einmal den Vorbericht, dass »le pauvre Fougnies« nicht am Weinessig gestorben sei. Wahrscheinlich sei er an einem Pflanzengift gestorben. Pflanzengifte aber konnte man bis dato nicht nachweisen. Das hinderte Professor Stas aber nicht daran, Tag und Nacht weiterzuforschen. Er versetzte Teile der Eingeweide mit frischem Alkohol, filtrierte, goss ab, fügte Wasser hinzu, filtrierte erneut, gab zum Ergebnis eine Kali-Essenz hinzu und konnte plötzlich etwas riechen. Damals kannte man nur zwei Pflanzengifte, die sich durch ihren Geruch verrieten: das Coniin, das Gift des Gefleckten Schierlings, das in seinem Duft an Mäuseharn erinnert, und das Nikotin!

Sein Verdacht erhärtete sich. Es war Nikotin, sagte er sich. Nach vielen weiteren Versuchen und Verbesserungen derselben blieb am Schluss eine ölige Flüssigkeit zurück: reines, tödliches Nikotin.

Und so konnte er in seinem Bericht für den Untersuchungsrichter vermelden: »Nikotin, enthalten in den Organen von Gustave Fougnies, 15. Dezember 1850«.

WEITERE POLIZEILICHE UNTERSUCHUNGEN ergaben tatsächlich, dass sich der Graf Bocarmé unter falschem Namen Informationen besorgt hatte, wie man Nikotin aus Tabakblättern extrahieren könne. Einerseits fand man auf dem Todesparkett, auf das das Opfer gestürzt war, tatsächlich Spuren von Nikotin. Und schlussendlich entdeckte man hinter einer Deckentäfelung im Schloss die Destillierapparate, derer sich Graf Bocarmé bei der Herstellung des Nikotins bedient hatte. Und auch Tabak lag noch hinter der Täfelung.

Graf und Gräfin waren überführt und beschuldigten sich folglich nun gegenseitig der Tat. Es half aber nichts. Der Graf wurde zum Tode verurteilt und starb auf dem Schafott, was der Gräfin, da sie eine Frau war, erspart blieb. Sie bezog für zehn Jahre eine Zelle im Zuchthaus wegen Beihilfe zum Mord.

12 Jean Servais Stas hingegen bezog mit seinem Werk »Gerichtsmedizinische Untersuchungen über das Nikotin« ein Zimmer im Haus der Unsterblichkeit. Er gilt seither als Begründer der modernen forensischen Toxikologie.

Betonung liegt hierbei auf ›modern‹. Eine Wissenschaft wie die Toxikologie – und wie andere natürlich auch – beginnt nicht zu einem bestimmten Zeitpunkt, nicht bei einem bestimmten Wissenschaftler. Denn auch schon vor Jean Servais Stas haben sich die Menschen immer schon mit Giften beschäftigt. Einer der wichtigsten war Mathieu Orfila, der als der erste Giftexperte Europas gilt und der 1840 entscheidend zur Überführung der Giftmörderin Marie Lafarge beitrug. Wissenschaftler – aber auch andere Interessierte – wollten einerseits hinter die Wirkung dieser oft tödlichen Stoffe kommen, andererseits aber auch begreifen, wie man diese Gifte für eigene – gute oder böse – Absichten anwenden könnte. Welche Folgen haben bestimmte chemische Substanzen auf Menschen, welche Schutz- und Vorsorgemaßnahmen kann man ergreifen? Ja, und was ist eigentlich überhaupt Gift?

ALLES IST GIFT. Diese Frage führt uns direkt zum Arzt und Naturforscher Paracelsus (1493–1541), der eigentlich Philippus Aureolus Theophrastus Bombast von Hohenheim hieß. Er nannte sich in Gedenken an den römischen Arzt Aulus Cornelius Celsus selber Paracelsus (lat. ›para‹ = gegen), weil er sich im Vergleich zu Celsus als den besseren Arzt einschätzte. Und Paracelsus sagte schon seinerzeit mit seinen Worten, dass alles Gift sei: »Alle Ding' sind Gift und nichts ohn' Gift; allein die Dosis macht, das ein Ding' kein Gift ist.« Wobei Paracelsus keineswegs diesen Satz so einfach meinte, wie er dasteht. Er sagte immer auch, dass man bei der Berechnung der Dosis auch die Wirkungszeit, die Konstitution des Menschen einbeziehen müsse. Jedenfalls, wo immer Sie etwas über Gifte lesen, werden Sie auf seinen Satz stoßen. Fast 500 Jahre alt, und er gilt auch heute noch. Gut 200 Jahre später benutzte Johann Wolfgang von Goethe ihn schon in einem Gespräch mit dem Schriftstellerkollegen Johann Daniel Falk, indem er sagte: »Alles kommt auf die Dosis an. Auch Champagner kann Gift werden.«

Die Frage, was Gift ist, ist also ganz einfach zu beantworten: Alles ist Gift! Es ist nur eine Frage der Dosis. Nehmen wir als Beispiel Kochsalz, das man in sein Essen tut, damit es besser schmeckt. Auf dem Meer aber, in dem das Kochsalz in größeren Mengen (3–4 Prozent) vorhanden ist, verdursten wir, weil wir, wenn wir Meerwasser trinken, am Kochsalz sterben. Es ist eine Frage der Dosis, die jede Substanz betrifft.

Gift sind alle jene Stoffe, die ab einer bestimmten Dosis (und eben die macht das Gift aus) einen Organismus beeinträchtigen bzw. ihn schädigen.

AUCH DER SALZTEIG, bei dem man das erst gar nicht vermutet, kann eine derartige Dosis enthalten: Viele Kinder backen mit Salzteig nette Figuren und malen diese an. Angelockt von den bunten Wesen werden sie aber auch verführt, sie zu essen. Teig kennen sie ja vom Kuchenbacken. Salzteig aber kann wie das Meerwasser im obigen Beispiel für Kleinkinder wegen der hohen Salzkonzentration tödlich sein. Und ob ein Glas Wein oder Bier eine Gaumenfreude bedeutet oder zu einer Alkoholvergiftung führt, wird eben durch die Menge bestimmt.

Allgemein gilt also: Wenn wir von Gift sprechen, ist es immer etwas Gefährliches. Es tut uns nicht gut, es schadet uns!

DER TOXIKOLOGE PROFESSOR DR. DIETRICH MEBS (den der SPIEGEL auch den »Herrn der Gifte« genannt hat) von der Universität

RAUPE DES BRAUNEN BÄR – SIEHT GIFTIG UND GEFÄHRLICH AUS, IST ES ABER NICHT

Frankfurt meint: »Die Gifte, die die Natur so produziert hat, sind die wirksamsten Stoffe, die wir überhaupt kennen. Das, was unsere Labors herstellen, ist vergleichsweise harmlos. Nehmen wir das Beispiel, der Stich einer Biene kann uns in Lebensgefahr bringen, wenn wir zum Beispiel allergisch darauf reagieren. Aber wenn ich mich etwa mit Zyankali umbringen will, muss ich schon einen Teelöffel davon nehmen, um eine tödliche Wirkung zu erzielen.«[2]

Diese Wirkung der Gifte auf unseren Körper ist sehr vielfältig: So wirken sie zum Beispiel auf unser Nervensystem, schädigen die Muskulatur, stören die Blutgerinnung, schädigen Organe und das Gewebe und beeinträchtigen Herz- und Kreislauffunktionen.

UND WEIL ES NUR EINE FRAGE DER DOSIS IST und weil schon gesagt wurde, dass alles Gift sei, heißt das auch: Gifte gibt es überall! Allgemein in der Natur wie bei den Pflanzen, bei den Pilzen, und viele Tiere produzieren selbst Gifte. Giftige Stoffe gibt es auch in unserer Nahrung, in unserem Haushalt. Aber auch wir Menschen stellen giftige Substanzen her. Um unser Getreide zum Beispiel vor Insektenbefall zu schützen, setzen wir Insektizide ein.

Aber wir arbeiten auch mit anderen nützlichen Giftstoffen: Arzneimittel sind eben auch verkappte Gifte. Viele Medikamente, auch wenn sie nur in Spuren giftige Substanzen enthalten, werden zu Gift, wenn man sie in zu großen Mengen einnimmt. Wie es zum Beispiel einem Mann passiert ist, der unter chronischen Rückenschmerzen litt. Er legte sich ein Schmerzpflaster auf, das aber nicht viel half. Also belegte er seinen Rücken, ohne den Arzt vorher zu fragen, von oben bis unten mit diesen Pflastern, die ähnlich wie Morphin wirkten. Die Folge: Hätte man den allein lebenden Mann nicht rechtzeitig gefunden, wäre er an einer Überdosis seines Medikaments gestorben!

JEDER KENNT DIE EMPFEHLUNGEN des Arztes, aber auch seine Warnungen, nicht zu viel von einem Medikament zu nehmen oder darauf zu achten, ob das Medikament sich mit anderen gleichzeitig eingenommenen verträgt: Daher der Satz, den wir so oft in der Werbung lesen und der im Radio oder Fernsehen immer so schnell wie möglich runtergerattert wird: »ZuRisikenundNebenwirkungenlesenSiediePackungsbeilageundfragenSieIhrenArztoder Apotheker.«

GIFTE WOZU? Besieht man die Medikamente, die eigentlich aus Giften hergestellt werden, kann man der Natur dankbar sein, dass sie seit etlichen Generationen von Menschen erprobte Modelle für unsere Heilmittel liefert. Wenn man sich aber einmal genauer vor Augen hält, was es da so in der Natur bei Tieren, Pflanzen und Pilzen an Giften gibt, da fragt man sich ja doch: Wozu das alles? Warum und wozu wurden diese toxischen Substanzen entwickelt? Was will denn die Kobra mit ihrem Gift? Muss denn der Knollenblätterpilz unbedingt so gefährlich sein für uns? Und sieht der Fingerhut nicht wunderschön aus? Aber muss er denn auch noch giftig sein?

Die Bildung von Giften in der Natur ist Teil der Evolution. Es geht um den ewigen Kreislauf von Fressen und Überleben. Nur wer überlebt, kann seine Art erhalten. Zum Überleben muss man sich ernähren und sich vor dem Gefressenwerden schützen: »Pflanzen müssen sich wirksam schützen, wollen sie dem Ansturm der Insekten widerstehen. Chemie spielt hierbei eine große Rolle. So findet man in den Pflanzen eine Fülle von Naturstoffen, die dem Primär- oder Grundstoffwechsel entstammen. Vielen dieser Stoffe kommt eine Schutzfunktion zu: Abwehr von Fressfeinden, Parasiten, pathogenen Keimen oder Raumkonkurrenten. Sie sind somit ›giftig‹ für andere Organismen. Dies führt nicht notwendigerweise zum

WISSENSCHAFTLER SPRECHEN DANN VON EINER MITTLEREN LETALEN DOSIS, WENN 50 PROZENT ALLER VERSUCHSTIERE STERBEN BZW. ÜBERLEBEN

Tod beispielsweise eines Insekts oder eines grasenden Säugetiers. Vielmehr sollen diese durch einen bitteren, ekligen, schlichtweg unangenehmen Geschmack vom weiteren Verzehr abgehalten werden und aus diesen Erfahrungen lernen.«[3]

FÜR VIELE TIERE IST GIFT EINFACH WICHTIG, um zu überleben. Die Maus schützt sich vor dem Gefressenwerden durch den raschen Rückzug ins Loch, die Gazelle entwickelt eine ungeheure Schnelligkeit, um sich dem Angreifer zu entziehen. Das Gift vieler Tiere hingegen dient dazu, um einerseits leichte Beute zu machen und andererseits sich zu verteidigen, zur Feindabwehr wie zum Beispiel bei der Biene oder der Wespe.
Ingesamt muss man bei Tieren unterscheiden zwischen aktiv giftigen Tieren und passiv giftigen Tieren.
Aktiv giftige Tiere – über 100 000 Gifttierarten kennt man heute – haben Werkzeuge entwickelt, ihr Gift, das sie in Drüsen produzieren, auch dorthin zu bringen, wo es wirken soll. Sie haben einen Zahn, mit dem sie Gift injizieren, indem sie zubeißen; sie haben einen Stachel, mit dem sie es einspritzen, sprich stechen.
Passiv giftige Tiere besitzen so etwas nicht. Sie haben mitunter auch gar nicht mal ihr Gift oder ihre Sekrete, die giftig sind, an einer bestimmten Körperstelle. Die Pfeilgiftfrösche in freier Wildbahn enthalten zum Beispiel in ihrer Haut ein sehr starkes Gift, das sie mit ihrer Nahrung aufnehmen und in der Haut speichern. Mit der Menge des Giftes eines einzigen Frosches könnte man rein rechnerisch gesehen 20 000 Mäuse oder 10 Menschen töten. Diese Frösche schrecken ihren Fressfeind allein schon durch den Kontakt mit dem Gift ab. Meerestiere können giftig werden, wenn sie Giftstoffe aus ihrer Umgebung aufnehmen. Diese damit passiv giftigen Tiere sind dann für uns schädlich, wenn wir sie essen wie Muscheln oder Fische. Oder auch für andere Tiere, die diese passiv giftigen Tiere fressen. Blattläuse saugen zum Beispiel giftige Stoffe aus den Pflanzen und reichern diese Stoffe in ihrem Körper an, werden aber dennoch von Marienkäfern verzehrt, die dadurch noch giftiger werden, denn auch sie produzieren giftige Sekrete. Die Wissenschaftler nennen das »interspezifische Giftanreicherung über die Nahrungskette«!
Was wiederum die Frage aufwirft: Und das Gift, das die Tiere aufnehmen, macht denen das selbst nichts aus? In der Regel haben die Tiere dagegen zwei Strategien entwickelt. Zum einen wechseln sie die Futterpflanzen, damit die Giftkonzentration im eigenen Körper nicht zu hoch wird. Zum anderen aber haben sie im Körper Mechanismen entwickelt, mit den Toxinen fertig zu werden. Sie wandeln Gifte in harmlose Substanzen um, versuchen, Giftstoffe möglichst schnell wieder loszuwerden oder speichern sie dort, wo sie nicht mehr wirken können, etwa im Fettgewebe. Giftschlangen zum Beispiel haben Antikörper, die sie gegen ihr eigenes Gift schützen. Was aber nicht unbedingt bedeutet, dass das Gift einer anderen Giftschlangenart ihnen nicht doch schadet.

FÜR DIE TIERE, PFLANZEN UND PILZE macht das Gift also durchaus Sinn: Die Beute wird schnell getötet, der Feind wird abgeschreckt, indem die winzigen Mengen von Giftstoffen als Signal verstanden werden, den Angriff nicht fortzusetzen. Und was sagt uns Menschen das alles? Gift ist eine unglaublich wirksame und gefährliche Substanz für uns. Wir sind bei der ›Einnahme‹ von Giften Opfer. Folglich brauchen wir also Experten, die uns helfen, Ratschläge geben, warnen oder retten: Toxikologen, Pharmakologen, Ärzte, Pathologen, Botaniker, Biologen, Zoologen, Chemiker, Apotheker, Kriminalisten.

STATISTISCH GESEHEN
TRINKT JEDER DEUTSCHE
PRO JAHR 135 LITER BIER
UND 17 LITER WEIN

PARACELSUS-BRIEFMARKE

Aber auch Köche sollten sich mit Giften auskennen: Wir werden es bei den Fugu-Restaurants in Japan sehen. Oder Schreiner, die das Holz – hoffentlich giftfrei – imprägnieren. Und dennoch ist Vorsicht geboten: Experten sind – und waren – auch diejenigen, die ihre Probleme mit Gift lösen wollen: Giftmörder! Tier- und Pflanzengifte kannte man schon im Altertum bestens und wusste sie auch zu nutzen. So oder so! Sei es, um unliebsame Nebenbuhler umzubringen, sei es, um Sokrates den Schierlingsbecher zu reichen, oder um in der griechischen Mythologie Medea ein mit Gift getränktes Hochzeitsgewand für die neue Frau von Jason zu geben, der Medea verstoßen hatte.
Durch die Jahrhunderte hinweg bis in unsere Tage setzte sich dieses Tun fort. Die Einen bekamen eben eine ›Mitgift‹, die anderen kamen eben ›mit Gift‹ um … womit wir wieder bei den Experten, in diesem Fall bei den Kriminalisten und Toxikologen, wären. Die eigentlich immer einen Schritt hinter den giftigen Ideen der findigen Mörder sind. Aber sie beschwichtigen uns: Den perfekten Giftmord gibt es nur dann, wenn man nicht nach Gift sucht. Jedes Gift – auch ein bisher unbekanntes – wird gefunden, wenn man danach sucht. Für das Opfer meistens zu spät, aber ansonsten irgendwie beruhigend! Die Toxikologen finden es, ob mineralische Gifte oder organische wie Pilz-, Pflanzen- oder Tiergifte!

GIFTIGES LEBEN AUF DEM LANDE UND IM WASSER

PEITSCHENNATTER – IHR BISS IST FÜR MENSCHEN WENIGER GEFÄHRLICH.

DIE ÜBERSTEIGERTE ANGST VOR SCHLANGEN HEISST OPHIOPHOBIE. DIE ÜBERTRIEBENE ANGST VOR GIFTEN WIRD ALS IOPHOBIE BEZEICHNET. UND DIE KRANKHAFTE ANGST VOR GIFT UND VERGIFTUNG WIRD TOXOPHOBIE GENANNT

DIE KREUZOTTER BESITZT VON ALLEN VIPERN DAS GRÖSSTE UND ZUGLEICH DAS NÖRDLICHSTE VERBREITUNGSGEBIET.

IN DEN MYTHEN UND SAGEN VIELER VÖLKER spielen Schlangen immer eine bedeutende Rolle. Sie wurden verehrt wie bei den Griechen, wo man dem Heilgott Asklepios eine Schlange als Symbol des Lebens zur Seite gestellt hat. Symbol des Lebens deshalb, weil die Schlange sich ja häutet und sich somit vermeintlich verjüngt. Später wurde daraus das Symbol der Ärzte allgemein, der Äskulapstab. Auch in vielen anderen Kulturen wurde und wird die Schlange verehrt.

Und bei den Germanen gab es die Midgardschlange, die im Weltmeer wohnte und letztendlich von Thor erschlagen wurde, der danach noch neun Schritte ging, bevor er an ihrem Gift starb.

In der Bibel verfluchte Gott die Schlange im Paradies, da es ihr gelang, Adam und Eva zu veranlassen, vom verbotenen Apfel zu essen. Zwischen den Menschen und der Schlange entsteht ewige Feindschaft: »Er wird dir den Kopf zertreten, und du wirst ihn in die Ferse stechen.« (1. Mose 3,15)

Hier irrte Moses und später auch Martin Luther, der die Bibel übersetzte und sich in diesem Punkt nicht gut auskannte. Denn die Schlange sticht nicht, sondern beißt. Und wenn man ihr auf den Kopf tritt, kann eigentlich nichts passieren.

UND DAS IST ES, was die Menschen, ob bibelgläubig oder nicht, fürchten. Das auf dem Boden kriechende, vermeintlich heimtückische Wesen, das man nicht sieht, das einen verfolgt, das einen beißen und töten will.

Das ist natürlich blühender Unsinn, aber leider weitverbreitet. Viele Menschen erschlagen alles, was sich irgendwie am Boden schlängelt: harmlose Nattern oder etwa noch harmlosere Blindschleichen, die noch nicht einmal Schlangen sind, sondern zu den Eidechsen zählen. Und eben auch Giftschlangen, nach dem Motto aus dem alten Schauspiel von Friedrich Wolf »Der Arme Konrad«, geschrieben 1514: »Eine Giftschlange zähmt man nit, man zertritt sie!« So hatte man früher einmal in Südostasien die heimische Kobra fast ausgerottet. Die Folge war eine immense Rattenplage. Womit sich zeigt, wie nützlich eben auch Gifttiere sind.

Aber: Wenn einen eine Giftschlange mal erwischt, dann kann das fatale Folgen haben. Es hängt zwar immer noch davon ab, in welchem körperlichen Zustand man sich befindet, ob man Kind oder Erwachsener ist und natürlich, welche Schlange einen gebissen hat. Wer Glück hat, wird nur von einem Verteidigungsbiss der Schlange erwischt. Denn – und ist das nicht irgendwie beruhigend für uns – die Schlange kann entscheiden, ob sie mit Gift oder ohne zubeißt. Das Gift ist für sie einfach zu kostbar, als dass sie es verschwenden würde. Also setzt sie, bei Bedarf, einen sogenannten Trockenbiss.

TROTZDEM, NICHT IMMER HAT MAN DAS GLÜCK, einem Biss zu entgehen. Die WHO spricht von 3 bis 4 Millionen von Schlangen gebissenen Menschen alljährlich, von denen dann mehr als 100 000 Menschen sterben.

In Deutschland kommen hingegen nur die Kreuzotter und im südlichen Schwarzwald die Aspisviper vor, die aber aufgrund der Zerstörung ihrer Lebensräume und dem Einsatz von Insektiziden und Pestiziden immer seltener werden. Insgesamt muss man sagen, dass der Mensch für die Kreuzotter gefährlicher ist als umgekehrt. Der letzte Todesfall in Deutschland durch den Biss einer Kreuzotter liegt einige Jahre zurück. Das liegt natürlich nicht daran, dass die Kreuzotter weniger giftig ist. Gefährlich ist ihr Biss immer: Bei einem älteren Menschen, einem Kind, einem Allergiker und bei jemandem mit Herz-Kreislaufproblemen kann ein Biss durchaus zu einer ernsten Vergiftung führen. Nein, die Kreuzotter ist – wie schon erwähnt – einfach zu selten geworden, als dass sie eine Gefahr darstellt.

UNGESCHICK, DUMMHEIT UND PECH. Da fragt man sich aber natürlich, wieso werden denn trotzdem noch Menschen von Schlangen gebissen? Wenn die einerseits vor dem Menschen flüchten, wenn sie, wie die Kreuzotter, am Aussterben sind? Nun, in der Regel sind es der Leichtsinn, die Ungeschicklichkeit, ja auch die Dummheit der Menschen. Wer in Mexiko unter seinem Schrank eine Schlange sieht und die mit einem Besen hervorholen will, braucht sich nicht zu wundern, wenn sie ihm am Besen entlang entgegenkommt. Wer in den Tropen draußen auf dem Land seine Hand in eine Erdhöhle hineinsteckt, sollte sich nicht wundern, wenn eine Kobra ihn bissig begrüßt. Wer zu Hause im Terrarium Spinnen, Skorpione oder Giftschlangen hält, sollte die Fütterung nie als Routine ansehen. Wenn die Tiere hungrig sind, kann es auch mal ganz schnell gehen, dass sie den Finger oder die Hand erwischen.

Für den amerikanischen Komiker W. C. Fields war die Sache mit den Schlangenbissen einfach: Er empfahl, immer eine Flasche Whiskey für den Fall eines Schlangenbisses dabeizuhaben – und außerdem sollte man immer eine kleine Schlange dabeihaben!

ABER ZURÜCK ZUM ERNST DER BISSE: Man kann auch Pech haben. In Asien kommt es bei der Reisernte häufig zu Schlangenbissen. Denn in den Reisfeldern gibt es viele Ratten und Mäuse, folgerichtig sammeln sich dort Schlangen, darunter auch viele Giftschlangen. Der Bauer, der barfuß läuft, tritt unbeabsichtigt auf sie und wird gebissen. Oder manch einer übt sich im Schlangenfangen, um diese dann zum Schlangenbeschwören zu benutzen.

Vor einigen Jahren hatte in Deutschland ein Soldat während eines Manövers in der Lüneburger Heide Pech. Während der Übung musste er durch das Gelände robben. Tja, entweder hat die Kreuzotter verdaut und fest gedöst, oder warum auch immer, jedenfalls ist sie liegen geblieben, als der Soldat heranrobbte. Als er ihr zu nahe kam, hat sie ihn ins Gesicht, genauer gesagt in die Schläfe gebissen. Ein Manöverschaden für den armen Soldaten! Er trug eine anhaltende Gesichtslähmung davon. Der Schrecken wird wohl noch anhaltender gewesen sein.

INS KAPITEL DUMMHEIT gehört zum Beispiel die Neugier eines Mannes, der in München am Isarufer eine Schlange sah und sie für eine Ringelnatter hielt. Er wollte noch schauen, ob da noch mehrere Exemplare sind, verfolgte sie, griff nach ihr … und kapierte, dass es eine Kreuzotter war, als die Schlange ihn in den Finger biss. Seine Gedankenlosigkeit büßte der Mann, er war übrigens studierter Biologe, mit Kreislaufproblemen und einem vier Tage lang geschwollenen Arm. »Dummheit ist auch eine natürliche Begabung«, sagte schon Wilhelm Busch.

Ob es im nächsten Fall – bei dem es ausnahmsweise nicht um eine Giftschlange geht – Leichtsinn, Ungeschicklichkeit oder Dummheit war, müssen Sie entscheiden:

TV-Moderatorin Sonya Kraus wurde bei einem Fotoshooting für ein Lifestyle-Magazin von einer allerdings ungiftigen Boa constrictor in den Oberarm gebissen. Sonya Kraus räkelte sich auf einer Liege, die Würgeschlange auf der Moderatorin … den Rest kann man dann bei YouTube anschauen. Was hat eigentlich eine Schlange – ob ungiftig oder nicht – bei einem Fotoshooting zu tun? Die gehört nicht zum Lifestyle, sondern in die Natur!

VON DEN SECHS IN DEUTSCHLAND vorkommenden Schlangenarten – Ringel-, Würfel-, Glatt- oder Schlingnatter, Äskulapschlange, Kreuzotter und Aspisviper – sind nur die beiden letztgenannten giftig. Die Kreuzotter ist eine meist graue oder braune Schlange, die bis zu 60 Zentimeter lang werden kann. Auf dem Rücken trägt sie das für sie so charakteristische dunkelbraune bis schwarze Zickzackband.

MAN KANN SICH AUCH DURCH EINE HÄUFIGE GABE VON SCHLANGENGIFT NICHT IMMUNISIEREN

 Kreuzottern ernähren sich von Mäusen, Fröschen und Eidechsen. Die Kreuzotter ist ovovivipar. Das ist der Fachausdruck für Tiere, die ihre Eier nicht ablegen, sondern im Mutterleib ausbrüten. Im Frühjahr bringt die Kreuzotter zwischen 5 und 20 Jungtiere zur Welt. Sie lebt an Wald- und Feldrändern, an Bahndämmen, in der Heide oder in Mooren, eher in Lebensräumen, die nicht zu heiß sind. Man sieht sie genauso in Frankreich wie in ganz Nord- und Mitteleuropa und in Osteuropa bis hin nach Sibirien. Man kann sie in Bergen bis zu einer Höhe von 3000 Metern antreffen oder auch schon mal in der Nähe des nördlichen Polarkreises.

UND DAS BEDEUTET, dass entgegen aller landläufigen Meinungen Giftschlangen in Europa eben nicht nur in den südlichen Ländern vorkommen, sondern, wie eben gesagt, auch im Norden. Ja, man höre und staune, die meisten Schlangenbisse bei Menschen gibt es in Schweden. Dort rechnet man mit etwa 1300 Kreuzotterbissen pro Jahr, wovon gut 10 Prozent dann auch im Krankenhaus behandelt werden müssen. Die vielen Seen, die Luftfeuchtigkeit und die nicht zu heißen schwedischen Sommertemperaturen gefallen nicht nur den Touristen, sondern eben auch der Kreuzotter besonders gut.

Reptilien, zu denen die Schlangen gehören, sind wechselwarme Tiere. Das heißt, sie regulieren ihre Körpertemperatur durch ihr Verhalten. Brauchen sie Wärme, nehmen sie ein Sonnenbad, brauchen sie eine niederere Temperatur, gehen sie in den Schatten.

In seinem Werk »Brehms Tierleben« schreibt Alfred Brehm:

»Jede Lebensthätigkeit der Kriechthiere steigert sich mit der zunehmenden Außenwärme; daher ist dieselbe Schlange an einem heißen Sommertage eine ganz andere als an einem kühlen. Die Werkzeuge der Athmung und des Blutumlaufs sind nicht vermögend, dem Kriechthiere eine innere Wärme zu geben: deshalb eben ist es von der äußeren völlig abhängig. Dies erklärt es auch, daß alle diejenigen Arten, welche kältere Gegenden bewohnen, während der Wintermonate in Erstarrung fallen oder einen Winterschlaf halten müssen; die Kälte würde sie vernichten, wäre dies nicht der Fall.«[4]

DIE ASPISVIPER ist **die** europäische Giftschlange, da sie außerhalb von Europa nicht vorkommt. Sie ist aber noch seltener als die Kreuzotter. In Deutschland findet man sie nur im äußersten Südwesten. Ansonsten eher in den wärmeren Ländern am Mittelmeer. In Italien zum Beispiel ist sie sehr häufig. Sie wird in der Regel 60 bis 85 Zentimeter lang. Die Aspisviper hat einen eher plumpen Körper mit einem kurzen, dünnen Schwanz. Die Farbe variiert wie bei der Kreuzotter zwischen Grau und Braun. Und auch die Aspisviper trägt auf dem Rücken eine Art Zickzackband, wobei aber die Streifen gegeneinander versetzt sind.

BEIDE GIFTSCHLANGEN wie auch alle anderen Schlangen, man kann es gar nicht oft genug sagen, lauern nicht auf den Menschen. Und sollten Sie einmal nach Afrika fahren und Lust haben, mal durch die Savanne zu marschieren, werden Sie nicht auf Schritt und Tritt auf Schlangen stoßen.

Ich erinnere mich noch gut, wie der Tierfilmer, Zoodirektor und TV-Star Bernhard Grzimek (»Guten Abend, meine lieben Freunde«) einmal über diese Angst in etwa sagte, er habe keine Sorge, auf eine Schlange zu treffen. Ihn beunruhigten vielmehr zum Beispiel kleine Egel, die sich in Flüssen und Seen aufhalten und die sich beim Baden den Menschen auf die Haut setzen, in diese eindringen und eine Krankheit, die Bilharziose, auslösen. Hiervor hätte er, Grzimek, mehr Angst als vor Schlangen.

SCHLANGENGIFTE GEHÖREN ZU DEN KOMPLIZIERTESTEN UND EFFEKTIVSTEN STOFFGEMISCHEN DER NATUR

Schlangen sieht der Normaltourist nur in den allerseltensten Fällen. Und wenn, das muss man einfach sagen, weil viele Unkundige davor Angst haben, wird sie einen auch nicht verfolgen! Da Schlangen relativ schlecht sehen, verspüren sie eine Annäherung durch die Vibration des Bodens. Wie feinfühlig Schlangen sind, merken Sie dann, wenn Sie mal wirklich eine sehen wollen. Es wird Ihnen kaum gelingen. Schlangen verziehen sich in der Regel sofort. Aber: Schlange ist nicht gleich Schlange. Im Zweifelsfall hat sie all die klugen Bücher über das Verhalten von Schlangen nicht gelesen!

ALS ICH EINMAL IN MITTELITALIEN beim Grasmähen war, lag mir da eine ziemlich lange und vollkommen ungiftige Zornnatter im Weg, die deswegen so heißt, weil sie einen normalerweise recht kräftig anfaucht, wenn man ihr zu nahe kommt. Ich stampfte mit den Füßen auf, sie ging aber nicht weg. Ich ging näher zu ihr hin und stampfte weiter mit den Füßen, keine Reaktion. Also nahm ich sie am Schwanz hoch und trug sie ein paar Meter weiter. Als ich dann aber in diese Richtung mit dem Freischneider kam, lag sie immer noch da. Weiter ohne Regung, aber lebendig. Ich konnte sie dieses Mal weit weg tragen, damit ich sie (und sie mich) nicht mehr störte. Ziemlich sicher hatte diese Schlange gerade einen dicken Bissen verzehrt und war am Verdauen, was sie so träge machte.

Oder die Viper, die meine Frau biss. Ganz offensichtlich war meine Frau für die Aspisviper keine Beute. Und wie ich ja schon beschrieb, setzen Schlangen dann in der Regel einen Verteidigungsbiss zur Feindabwehr. Aber diese Schlange biss meine Frau in den Zeh (sie trug Sandalen) und injizierte auch Gift, was letztlich zu einer schweren Vergiftung führte. Also nicht immer kann man mit einem Verteidigungsbiss rechnen.

Was folgt daraus: Angaben über tierisches Verhalten, hier insbesondere über das der Schlangen, sind alles, nennen wir es mal, statistische

DIE ZORNNATTERN HABEN IHREN NAMEN AUFGRUND IHRER AGGRESSIVEN ABWEHRBEREITSCHAFT ERHALTEN, ALLERDINGS SIND SIE UNGIFTIG.

DER BISS DER GRÜNEN MAMBA IST SEHR GEFÄHRLICH UND OHNE BEHANDLUNG TÖDLICH.

SCHLANGEN SIND GEGEN IHR EIGENES GIFT IMMUN

DIE ASPISVIPER IST DIE ZWEITE IN DEUTSCHLAND VORKOMMENDE GIFTSCHLANGENART.

GIFTSCHLANGEN GEHÖREN IN EUROPA ZU DEN GEFÄHRDETEN ARTEN UND STEHEN UNTER SCHUTZ

Angaben. Im Durchschnitt richtig, im Einzelfall kann alles anders sein! Was mich zu der Frage bringt:

WAS PASSIERT EIGENTLICH BEI EINER VERGIFTUNG IN UNSEREM KÖRPER? Bleiben wir bei dem Beispiel der Schlangen, deren Gifte zu den effektivsten Naturstoffen zählen. Zunächst einmal, ganz banal, empfindet das Opfer nach einem Biss einen meist nur leichten Schmerz an der Bissstelle. Aber auch das passiert:
»Es fühlte sich an, als wenn jemand mit dem spitzen Ende eines Hammers mir ins Gesicht geschlagen hätte«, berichtete einmal die südafrikanische Fotografin Amy Schoeman, nachdem sie nachts im Schlaf von einer Speikobra ins Gesicht gebissen wurde.
Der Anfangsschmerz ist erheblich, lässt aber bald nach. Das Gift verteilt sich sodann über den Blutkreislauf im Körper, je nach Bissstelle schwellen Gliedmaßen an. Die Haut verfärbt sich rot und weiß. ›Livide Hautverfärbung‹ nennen das die Fachleute, es kommt zu Schweißausbruch und mitunter zum Kreislaufzusammenbruch, Schockzustand. Eine Reihe unterschiedlicher Symptome, je nach Schlangenart und Gifteigenschaft folgt, eine Vergiftung zum Beispiel durch tropische Giftschlangen ist meist lebensgefährlich.
Das ist aber nur eine ganz allgemeine Beschreibung der Körperreaktionen. Je nach Gift, je nach Konstitution des Menschen, der Art des Gifttieres und seines Giftes können sich sehr komplexe Wirkungen ergeben. Es können sich schwere Blutgerinnungsstörungen einstellen, der Mensch wird zum Bluter (zum Beispiel nach dem Biss einer Lanzenotter); Lähmungen der Gesichtsnerven mit Doppelsehen, Lähmung der Augenlider, Schluckbeschwerden, Atemnot und Tod durch Atemstillstand (nach Bissen von Kobra und Mamba). Anschwellen zum Beispiel eines Armes nach einem Bienen- oder Wespenstich; komplette Lähmung bei vollem Bewusstsein nach dem Genuss eines Kugelfisches; Blasenbildung auf der Haut, Bewusstseinstrübung, Herz-Kreislauf-Versagen nach dem Kontakt mit der Portugiesischen Galeere, einer Qualle; Atembeschwerden, fehlende Reflexe des Körpers, Lähmung der Muskulatur von Armen und Beinen nach dem Stich einer Kegelschnecke. Man könnte hier seitenweise einen Wirkungscocktail des Schreckens aufzählen.

GIFT IST NICHT GLEICH GIFT. Die Wirkungen sind natürlich dem jeweiligen Gift geschuldet. Denn Gift ist nicht gleich Gift! Gifte, die im Tierreich vorkommen, sind im Allgemeinen sehr komplexe Mixturen. Gift besteht nicht nur aus einer Substanz, es ist ein ganzer Cocktail von Wirkstoffen, Toxinen. Schlangengift greift eher das periphere Nervensystem an, enthält aber auch Faktoren, die das Gewebe zerstören. Selbst innerhalb einer Art kann das Gift variieren. So kann man bei der schon erwähnten Aspisviper davon ausgehen, dass nicht jedes Exemplar die gleiche Giftzusammensetzung besitzt.
PFLANZENGIFTE SIND IM VERGLEICH DAZU einfacher in ihrer Zusammensetzung. Meist ist es nur ein Hauptwirkstoff, der die Vergiftung auslöst, im Tabak zum Beispiel hauptsächlich das Nikotin, in der Tollkirsche das Atropin und Scopolamin, das im schlimmsten Fall Tod durch Atem- oder Herzstillstand bringen kann. Viele von uns kennen Atropin vom Augenarzt als Mittel, die Pupille zu öffnen.
Schlangengifte enthalten viele Enzyme, die ganz allgemein auch in unserem Organismus vorkommen. Bei uns sind sie an zahlreichen Stoffwechselvorgängen beteiligt. Die Enzyme in den Schlangengiften aber sind eher darauf gerichtet, zur Vergiftung beizutragen: Sie lösen Zellwände auf, unterbinden die Weiterleitung von Nervenimpulsen, zerstören Eiweißmoleküle, oder wir werden zu Blutern, wenn sie

BEI DER VERHEERENDEN ÜBERSCHWEMMUNG IN BANGLADESCH IM SOMMER 2007 WAR DER TOD DURCH EINEN SCHLANGENBISS DIE ZWEITHÄUFIGSTE TODESURSACHE NACH DEM ERTRINKEN

in die Blutgerinnung eingreifen. Und das alles geschieht nach der Aufnahme von einer winzigen Menge, die mitunter weniger als ein Milligramm beträgt!

WAS TUN, DAMIT NICHTS PASSIERT? All diese schrecklichen Symptome! Was können wir denn tun, wenn es mal passiert ist? Und was tun, um solche Vergiftungen zu vermeiden?
Zunächst einmal muss man sagen, dass man, abgesehen von den einheimischen Gifttieren wie die schon erwähnten beiden Schlangenarten und besonders Bienen, Wespen oder Hornissen, gewöhnlich als Normalsterblicher kaum auf Gifttiere trifft. Andererseits, wenn man in die Tropen reist, wo 90 Prozent aller Gifttiere leben, hat man natürlich größere Chancen, mit Gifttieren in Berührung zu kommen. Beim Trekking in der Wüste, im tropischen Regenwald oder durch das Gras der Savanne sollte man immer auf die Hinweise der Einheimischen achten. Die wissen in der Regel Bescheid:
Es ist wichtig, gutes Schuhwerk zu haben, dessen Schaft bis über die Knöchel reicht, einen Stock dabei haben, um eventuelle Tiere aufzuscheuchen, nie mit der Hand unter Steine oder in Höhlen fassen, sich nicht einfach in die Wiese setzen, nie im Dunkeln ohne Taschenlampe herumlaufen, besondere Vorsicht beim Übernachten im Freien, in der Wildnis walten lassen.
Es ist kaum wahrscheinlich, aber Begegnungen der unerwarteten Art sollte man sicherheitshalber nicht ausschließen. Vor allem, weil die Tiere oft auch hervorragend getarnt sind.
Oder kennen Sie sich in der afrikanischen Savanne so perfekt aus, dass Sie sofort die Puffotter erkennen würden? Oder mit einem Blick die Lanzenotter im südamerikanischen Regenwald? Aber sind Sie so locker, wie es Frederick William FitzSimons in dem Buch über seine Erfahrungen mit Schlangen beschreibt? Er hatte um das Jahr 1917 herum eine Schlangenfarm in Südafrika, und er berichtete Folgendes von seinem Helfer Johannes:
»Eines Tages geriet er wieder einmal in höchste Lebensgefahr. Die unterste Schnalle seiner Gamasche hatte sich gelöst, während er auf dem Boden kniete und Unkraut ausriss. Eine Kapkobra sah die dunkle Höhlung, hielt sie für einen passenden Unterschlupf und glitt eilig hinten zwischen Gamasche und Stiefel hinein. Johannes merkte nichts, bis er den kalten glitschigen Leib der Schlange an seinem nackten Bein spürte. Hastig über die Schulter blickend sah er das noch herausschauende Schwanzende der Kobra. Er wusste, solange er sich ruhig verhielt, würde die Schlange nicht beißen. Behutsam ruft er den am Drehkreuz stehenden Beamten, schickt ihn mich zu holen und verharrt regungslos weiter in seiner knienden Stellung, während die Schlange längs seinem nackten Bein liegen bleibt und ihren Kopf suchend hin- und herschiebt. Eine heikle Situation, die sofortiges Handeln erheischt. Mit dem mahnenden Zuruf, sich nicht zu rühren, springe ich über die Mauer, packe den heraushängenden Schwanz, reiße gleichzeitig mit einem Ruck die Schlange heraus und schleudere sie fort. Johannes blieb an diesem Tag gedrückt und stummer als sonst, indessen ich das Museumscafé aufsuchte, um meine Nerven bei einer Tasse Tee zu beruhigen.«[5]

NATÜRLICH SIND IHM, also FitzSimons selbst, auch etliche Dinge passiert, über die unsereins nur mit Gänsehaut den Kopf schütteln kann. So schreibt er an anderer Stelle seines Buches:
»Kommt da einmal mein Sekretär, zu dessen Obliegenheiten es gehört, beim Auspacken der Kisten mitzuhelfen, und teilt mir mit: ›Herr Direktor, da ist eine wundervolle grüne Schlange eingetroffen.‹ Ich

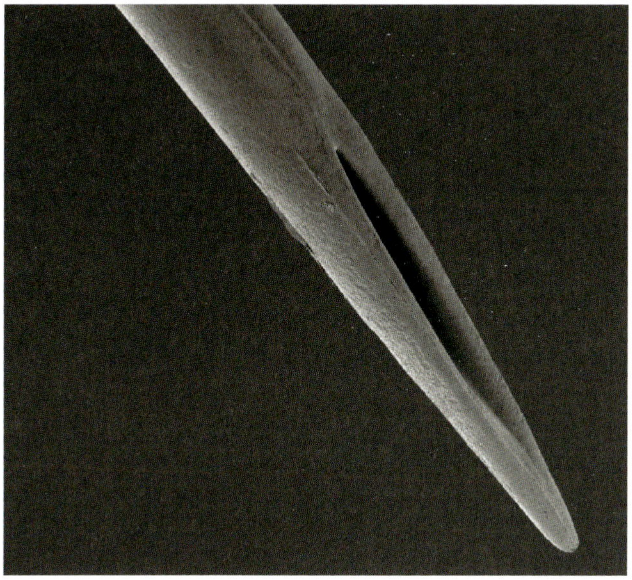

VIPERNZAHN, FURCHE GESCHLOSSEN, VERGRÖSSERUNG

DIE SCHWARZE MAMBA WIRD VON DEN EINHEIMISCHEN IN ZENTRAL- UND SÜDAFRIKA ›SCHATTEN DES TODES‹ GENANNT

eile, das Tier zu besichtigen. Zwischen welkem Laub und Gras lag es, in herrlichem Smaragdgrün leuchtend. ›Ha‹, rufe ich, ›das ist eine der größten grünen Wasserschlangen, die mir je vorgekommen ist! Nehmen Sie mal das Metermaß und messen Sie es!‹ Als das erledigt war und die üblichen Eintragungen im Tagebuch gemacht waren, kam mir der Gedanke, das Tier gleich selbst in den Schlangenpark hinunterzutragen.
›Riesenbiest von Wasserschlange, was, Johannes?‹
›Ja, Baas, feine Biest das! Woher kommen?‹
Das wusste ich allerdings selbst nicht. So kehrte ich denn ins Büro zurück, um mit der Erledigung meiner Post fortzufahren. Da fällt mir ein Brief in die Hände, bei dessen Inhalt es mir doch kalt den Rücken hinunterlief und der mir eine regelrechte Gänsehaut verursachte.
›… sende ich Ihnen ein sehr schönes Exemplar einer grünen Mamba. Ich fing das Tier unter großer Gefahr …‹
Der Brief kam aus einer Gegend, in der die grüne Mamba häufig ist. – Ich stürze in den Schlangenpark, fange mir die vermeintliche Wasserschlange und untersuche ihre Kopfschilde. Richtig! Es war die ungeheuer giftige grüne Mamba. Und ich hatte sie mit bloßen Händen angefasst und gestreichelt, hatte sie mir über die Schultern kriechen lassen, hatte ihr gestattet, ihren glänzenden Kopf an meiner Ohrmuschel zu stützen! Oh, wie recht hatte doch meine Frau! Ich war einer der größten Schafsköpfe auf Gottes weiter Erde. Spielte da mit einer grünen Mamba und glaubte, es sei eine harmlose Wasserschlange.«[6]

AUCH EXPERTEN LEBEN GEFÄHRLICH. Und was lernen wir aus solch einer Geschichte? Erstens braucht ein Wissenschaftler, der mit Giften zu tun hat, eine – so er denn eine hat – sehr verständnisvolle Frau! Und zweitens erkennen wir, dass auch ein Experte vor Irrtümern nicht gefeit ist. Ein Irrtum, der sich in diesem Metier auch als tödlich erweisen kann. Die Meinung, dass Experten weniger passieren kann, weil sie sich auskennen, ist nicht ganz richtig. Denn sie begeben sich ja häufiger in Gefahr. Zum Beispiel wenn sie versuchen, ein Gifttier zu fangen.
PROFESSOR DR. ROBERT MERTENS, damals Direktor des Forschungsinstitutes und Naturmuseums Senckenberg in Frankfurt am Main, seinerzeit einer der führenden Herpetologen, der sich also mit Reptilien und Amphibien beschäftigte, starb 1975 an den Folgen eines Schlangenbisses, weil er die Gefahr unterschätzt hatte. Er war der Überzeugung, dass die afrikanische Vogelschlange, die ihn gerade gebissen hatte, harmlos sei. Denn diese Schlange trägt ihre Giftzähne weit hinten im Rachen, sie kann beim Menschen daher nur selten ihr Gift anbringen. Doch in diesem Falle hatte sie Erfolg. 14 Tage nach dem Biss ist Mertens gestorben.
Und in seinem Kollegenkreis gibt es noch andere, die auf ähnliche Weise zumindest in Gefahr geraten sind. So wie der ZDF-Tierfilmer Andreas Kieling, der berichtete, wie er einmal in Indonesien von einer hochgiftigen Seeschlange beim Baden im Meer in die Augenbraue gebissen wurde. Weit und breit war keine medizinische Hilfe zu erwarten. Kieling legte sich mit Lähmungserscheinungen, unter anderem auch an den Augenlidern, ins Bett, gelegentlich setzte seine Atmung aus. Bei halbwegs wachem Verstand, er bekam alles mit, was um ihn herum geredet wurde, konnte er sich bald nicht mehr bewegen. Warum er letztlich überlebt hat? Weiß er auch nicht. Er führt es auf seine kräftige Konstitution zurück. Glück gehabt!
Noch mehr Glück hatte eine Reptilienexpertin in Klagenfurt, die versucht hatte, weit ab jeglicher Hilfe bei einer Almhütte Kreuzottern

DIE PUFFOTTER IST FÜR DIE MEISTEN GIFTSCHLANGENBISSE IN AFRIKA VERANTWORTLICH.

SCHON FRISCH GESCHLÜPFTE GIFTSCHLANGEN SIND GENAUSO GIFTIG, OFT SOGAR NOCH GIFTIGER ALS DIE ALTTIERE

 einzufangen. Eine davon biss sie in den Finger. Ein wenig Schmerzen und eine geschwollene Hand waren die Folgen. Sie hatte wohl wenig Gift abbekommen.

Trotz dieser Beispiele muss man sagen: Sich informieren, hilft! Oder wie es der alte Brehm sagte: »Es gibt kein besseres Mittel gegen den Biss der Viper als die genaue Kunde ihrer selbst.«[7]

WIE INJIZIERT DIE SCHLANGE IHR GIFT IN DIE BEUTE? Auch hier ist die Antwort nicht eine einzige. Wie auch Schlange nicht gleich Schlange ist, und Gift nicht gleich Gift, so sind auch die Giftapparate der Schlangen verschieden. Giftschlangen teilt man je nach Lage und Beschaffenheit der Giftzähne in Gruppen ein:

Es gibt da die Schlangen mit ungefurchten Zähnen, dann die mit sogenannten hinterständigen Furchenzähnen, dann solche mit vorderständigen Röhrenzähnen.

Klingt auf den ersten Blick verwirrend, ist aber im Prinzip einfach. Bei den Schlangen mit ungefurchten, also glatten Zähnen handelt es sich um Tiere, bei deren Biss das Gift aus einer Drüse im Oberkiefer über die Schleimhaut durch die Zähne ins Beutetier gelangt. Dies ist bei den meisten Schlangen der Fall, bei vielen Nattern etwa, die nicht unbedingt für die Menschen gefährlich sind.

Hinterständige Furchenzähne finden sich im hinteren Teil des Oberkiefers und sind mit einer Furche versehen. Über diese Furche fließt bei einem Biss aus einer Drüse das Gift. So ist es zum Beispiel bei der europäischen Eidechsennatter, die bis zu zwei Meter lang werden kann, der Fall, wie auch bei der schon erwähnten südafrikanischen Vogelschlange.

Hingegen stehen die vorderständigen Röhrenzähne weiter vorne im Maul der Schlange. Diese großen, feststehenden Zähne ähneln schon sehr einer Injektionsnadel, sie sind geschlossen und tragen an der Spitze eine Öffnung, durch die das Gift in das Beutetier gespritzt werden kann, zum Beispiel bei Seeschlangen, bei der Kobra oder etwa bei der Mamba. Die vorderständigen, bis zu drei Zentimeter langen Röhrenzähne können zurückgeklappt bzw. aufgeklappt werden, wie es etwa bei allen Vipern, zum Beispiel der Kreuzotter oder der Klapperschlange, geschieht, da sie auf einem beweglichen Knochen liegen.

ENTLANG DES OBERKIEFERS liegt bei den Giftschlangen zu beiden Seiten die Giftdrüse. Mit Muskeldruck kann die Schlange dann das Gift in die Furchen bzw. in den Giftkanal einspritzen. Wobei meistens nur ein Teil des Giftes eingesetzt wird. Die Schlange kann die Menge durch schwächeren oder stärkeren Druck regulieren. Was zum Beispiel bedeutet, dass eine Schlange, die gerade zugebissen hat, danach überhaupt nicht giftfrei ist. Sie hat noch Reserven. Also: Achtung!

In seinem Buch »Allgemeine Geschichte der thierischen und mineralischen Gifte« nennt Johann Friedrich Gmelin, der sich auch gleich auf dem Titelblatt vorstellt als »der Weltweisheit und Arzneikunde Doktor, Professor der Medicin zu Göttingen, Königl. Großbritannischem Hofrath, und mehrerer gelehrten Gesellschaften Mitglied« diese Drüse »Beutelchen« und das Gift »Jauche«:

»Nicht also die mechanische Gewalt der Zähne, mit welchen sie beißt, nicht der ungemein starke Reiz, welchen sie auf Haut und Nerven äußert, … denn auch das Gift der todten Schlange ohne alle Gewalt beigebracht, wirkt eben so fürchterlich; nicht der Speichel, denn dieser ist, wenn die Schlange auch noch so sehr verzürnt ist, unschädlich, nicht die äußerst bittere Galle der Gallenblase, die weder einen besonderen Gang hat, durch welchen sie in die Zähne geleitet wird, noch, so lange sie frisch ist, sie mag auf eine Art und auf einem Wege beigebracht werden, auf welchem sie will, tödtlich ist, sondern

EIN ABGEBROCHENER
GIFTZAHN WIRD
INNERHALB VON WENIGEN
TAGEN ERSETZT

ÄGYPTISCHE KOBRA – DER LEGENDE NACH BEGING DIE ÄGYPTISCHE KÖNIGIN KLEOPATRA SELBSTMORD, INDEM SIE SICH VON EINER URÄUSSCHLANGE BEISSEN LIESS.

SPEIKOBRA – IHRE GIFTZÄHNE HABEN EXTRA EINE SPEZIELLE FORM, DURCH DIE SIE IHR GIFT MEHRERE METER WEIT SPEIEN KANN.

jene Jauche der Giftdrüse und Beutelchen ist es, welche, in die durch die Zähne gebissene Wunde getropft, Tod und Verderben bringt.«[8]

MAN SOLLTE ÜBER DIESEN STAND der Wissenschaft nicht lächeln! Gmelin war mit seinem Wissen auf der Höhe seiner Zeit. Vielleicht wird man ja in 200 Jahren über unsere heutigen Methoden lächeln. Man weiß eben nur so viel, wie es die aktuelle Forschung hergibt!
Eine Schlange soll noch Erwähnung finden, die schon einmal kurz in dem Bericht der von ihr gebissenen Fotografin aus Südafrika auftauchte: die Speikobra. Wenn sie sich bedroht fühlt, richtet sie sich bis zu zwei Drittel ihrer in der Regel ein bis drei Meter betragenden Körperlänge auf, flacht den Nacken und die Halsregion ab und spreizt sie auseinander. Bei den indischen bzw. asiatischen Schlangen sieht man dann die berühmte Brillen- oder Monokelzeichnung. Deswegen werden sie auch Brillenschlangen genannt. Und von denen heißt es schon in Wilhelm Buschs »Fipps der Affe«:
»Dann ist freilich jeder bange, / Selbst der Affengreis entfleucht, Wenn die lange Brillenschlange / Zischend von der Palme kreucht.«[9]

EINE ANDERE SPEIKOBRA heißt Monokelkobra. Von dieser Art war im Frühjahr 2010 in Mühlheim an der Ruhr ein Jungtier seinem Besitzer ausgebüchst. Drei Wochen dauerte die Jagd, bis das Tier in einer ausgelegten Klebefalle verendete.
Diese Speikobras haben eine besondere Fähigkeit: Sie können bei Bedarf, nämlich dann, wenn sie sich bedroht fühlen, ihr Gift verspritzen! Das Versprühen ermöglicht ein Knick im Giftkanal des Giftzahnes. Dieser Knick endet in einer winzigen Öffnung. Durch sie hindurch kann die Schlange das Gift mit hohem Druck über die beachtliche Distanz von zwei bis drei Metern versprühen. Das ist sozusagen die letzte Warnung, bevor die Speikobra zuschnappt. Natürlich an den gerichtet, der nicht zu ihrer Beute zählt. Für den Beutefang beißt sie zu und setzt ihr Gift ein wie die anderen Giftschlangen auch. Sollte das Gift einen Menschen in die Augen treffen, so ist das Gift nicht tödlich, kann aber zur Erblindung führen. Königskobras zählen mit vier Metern Länge zu den größten Giftschlangen, die besonders Jagd auf andere Schlangen machen. Deswegen werden sie in der Regel von Menschen nicht verfolgt, da sie andere Giftschlangen, wie zum Beispiel eine der gefährlichsten Giftschlangen Asiens, die Kettenviper, fressen.
Aber lassen wir an diesem Punkt einmal die Schlangen beiseite, über die ich zugegebenermaßen jetzt sehr viel berichtet habe, denn sie faszinieren mich besonders. Und es gäbe natürlich hinsichtlich der Schlangen noch viel Interessantes zu erzählen:

› dass sie ihren vorderen Körperteil bei Gefahr in eine S-Form bringen, was ihnen ein blitzschnelles Zubeißen ermöglicht,
› dass Schlangen ihre Beute unzerkaut verzehren, weswegen der Kieferapparat sehr beweglich und dehnbar sein muss,
› dass die vergiftete Beute wegen der Verdauungshilfe im Gift schneller verdaut wird als die unvergiftete Beute,
› dass die größte europäische Giftschlange, die Levanteotter, bis zu 150 Zentimeter lang werden kann und dass sie hauptsächlich in Zypern, auf den griechischen Inseln oder in Vorderasien beheimatet ist,
› dass die kleinste europäische Giftschlange, die Wiesenotter, nur etwa 40 bis 50 Zentimeter lang wird und hauptsächlich in Südfrankreich, Mittelitalien und auf dem Balkan zu finden ist.

Aber wir wollen uns noch den anderen Gifttieren zuwenden, was nicht weniger spannend ist. Denn es gibt ja noch jede Menge Landtiere, die giftig sind und die ebenfalls wie die Giftschlangen zu Feindbildern geworden sind.

SKORPIONE FRESSEN AUCH SKORPIONE. DARUM BRAUCHT MAN NICHT ZU BEFÜRCHTEN, DASS SIE SICH – SOFERN MAN WELCHE IM HAUSE HAT – VERMEHREN WIE DIE KAKERLAKEN!

EUROPÄISCHER SKORPION – WEIBCHEN MIT JUNGEN

IM SCHWANZ STECKT DAS GIFT: SKORPIONE.
Oder wie der Lateiner sagt: ›In cauda venenum!‹
Wer sich Skorpione vor Augen führt, denkt natürlich sofort an die tropischen Riesenskorpione. Von den circa 1500 Skorpionarten sind aber nicht einmal 25 Arten fähig, Menschen einen lebensgefährlichen Stich zu versetzen. Skorpione warnen nicht, ihr Stich ist eher zufällig, wenn sie sich in Kleidern oder Schuhen befinden. Wie immer gilt auch hier: Obacht geben! Man weiß ja nie, welches Exemplar man antrifft.

NUR, WEIL DAS WORT ›RIESENSKORPION‹ erwähnt wurde: Damit sind natürlich die größten lebenden Exemplare gemeint, die gut zehn Zentimeter groß werden können (die kleinste Art wird nur etwa einen Zentimeter ›groß‹). Aber, man höre und staune, es gibt so eine Faustregel, die man jedoch nicht zu genau nehmen sollte: »Je größer, desto besser«, sagt Indiana Jones zu seinem Freund Mutt in »Indiana Jones und das Königreich des Kristallschädels«. Recht hat er. Die großen sind eher harmlos. Die kleinen, auf die muss man aufpassen! Und: Seien wir froh, dass wir nicht vor etwa 390 Millionen Jahren gelebt haben. Dann wären wir möglicherweise einem Meeresskorpion begegnet, der bis zu 2 ½ Meter groß war! Größer als ein Mensch! Die Größe errechnete man aus dem Fund einer versteinerten Zange, die schon stolze 46 Zentimeter aufwies. Dieses Fossil fand man 2007 in der Eifel.
Aber zurück zu den derzeitig lebenden Skorpionen. Die unangenehmsten von ihnen finden wir in Nordafrika. In Zentraltunesien zum Beispiel kommt es jährlich zu mehr als 4000 Skorpionsstichen, mehr als 20 verlaufen tödlich. Für den Menschen gefährliche Skorpione finden sich aber auch in Brasilien, Nord- und Südafrika. Besonders Kinder sind dabei gefährdet.

SKORPIONE KÖNNEN AUCH ZUR WARNUNG GERÄUSCHE ERZEUGEN, INDEM SIE MIT DEN BEINEN ODER DEN SCHEREN AN IHREM KÖRPER ENTLANGREIBEN. DAS FACHWORT DAFÜR LAUTET ›STRIDULIEREN‹

OFTMALS WERDEN IN MEXIKO zum Schutz vor Skorpionen außen an den Häusern bis zu einer Höhe von 50 Zentimetern Kacheln angebracht, an denen sie nicht emporklettern können. Auch werden Pflanzen nicht direkt am Haus angepflanzt, sonst könnten die Tiere an ihnen hochklettern. Ansonsten leben Skorpione am Boden und sind in der Regel nachtaktiv. Wenn man nachts in einem Haus das Licht einschaltet und einen Skorpion entdeckt, dann sieht man ihn nur kurz. Skorpione sind recht flink und passen in jede Ritze.

Bei ›nachtaktiv‹ liegt übrigens die Betonung auf ›nacht‹ und nicht auf ›aktiv‹. In aller Regel sitzen die Tiere irgendwo herum und warten auf ihre Beute. Insofern muss man das ›aktiv‹ schon sehr relativieren.

DAS GIFT WIRD IN EINER DRÜSE im letzten Glied ihres schwanzförmigen Körperendes gebildet und wird mit einem Stachel, mit dem sie zustechen, injiziert. Bei Gefahr wird dieser Körperteil aufgerichtet, sodass der Stachel direkt über dem Kopf schwebt, bereit zu stechen. Wie bei den Schlangen wird auch hier das Gift durch Muskeldruck ausgepresst. Aber der Skorpion sticht auch nicht immer zu. Hat er seine Beute fest in den Zangen, dann gebraucht er seinen Stachel nicht und spart dadurch das Gift für eine andere Gelegenheit auf.

Ist ein Mensch von einem gefährlichen Skorpion gestochen worden, zeichnet sich die Vergiftung durch eine komplexe Symptomatik aus. Das geht vom ersten Schmerz um die Einstichstelle über Erbrechen, Kurzatmigkeit, Speichelfluss mit Schaum vor dem Mund, Schweißausbruch, verschwommenes Sehen, Schluckbeschwerden, schnelle Atmung bis hin zu einem Anstieg des Blutdrucks, Herzrasen, erhöhtem Blutzucker und zunehmend verminderter Herzleistung. Todesursache sind dann letztlich Kreislaufversagen und ein Lungenödem, eine Wasseransammlung in der Lunge. Und das alles – man muss mal wieder einen Moment innehalten, um sich das klarzumachen – und das alles

EUROPÄISCHER SKORPION, ITALIEN

SKORPIONE FLUORESZIEREN!
MAN KANN SIE NACHTS
UNTER UV-LICHTBESTRAHLUNG
BLAU LEUCHTEN SEHEN

DIE ÄUSSERE SCHICHT DES PANZERS DER SKORPIONE FLUORESZIERT BEI BESTRAHLUNG MIT ULTRAVIOLETTEM LICHT.

MANCHE SKORPIONE NEHMEN IHR LEBEN LANG KAUM WASSER ZU SICH. WASSER KÖNNEN SIE ZUM BEISPIEL DURCH DEN TAU AUFNEHMEN. SIE GEHEN HÖCHSTENS EINMAL INS WASSER, BEVOR SIE SICH HÄUTEN, UM IHR AUSSENSKELETT AUFZUWEICHEN, ODER SIE LASSEN SICH IM WASSER VON MÖGLICHEN MILBEN BEFREIEN

nach Injektion einer winzigen Menge seines Giftes. Kein Wunder, dass Skorpione so ein schlechtes Image haben.

Skorpione haben keine Probleme, einerseits in den trockensten Wüsten, wo ihnen Hitze und Dürre nichts ausmachen, und andererseits in feuchten Gebieten zu leben. Fressen tun sie so ziemlich alles: Insekten, Spinnen, Eidechsen.

Schon in den Sagen und Mythen der Völker waren Skorpione oder auch Skorpionmenschen todbringende Wesen. Im Gilgameschepos gelingt es Gilgamesch als Erstem, an dem Skorpion vorbeizukommen, der die Sonne bewacht. In der griechischen Sagenwelt lässt Artemis Orion von einem Skorpion umbringen. Und in der Bibel heißt es in der Offenbarung von Johannes, dass durch die fünfte Posaune Heuschrecken auf die Erde gerufen werden, die die Macht eines Skorpions haben: »Und ihre Qual war wie eine Qual vom Skorpion, wenn er einen Menschen schlägt.« (Offenbarung 6,16)

Aber immerhin gab es auch ein königliches Bild von einem Skorpion. Die ägyptische Königin Selket schützte mit ihren königlichen Kräften vor den Stichen des Skorpions.

NICHT DRAUFHAUEN, WEGWISCHEN! Es kann vorkommen, dass es ein Skorpion beim Camping im Freien schafft, ins Zelt, in Kleider oder Schuhe zu kriechen. Da gibt es eine wichtige Vorsichtsmaßnahme, wenn man einmal im Dunkeln etwas über seinen Körper laufen fühlt: Wegwischen! Nicht panisch draufhauen! Bei letzterer Aktion könnte es zu einem Stich kommen. Dasselbe gilt auch dann, wenn es zum Beispiel eine Biene, Wespe oder Hornisse wäre.

Und wie auch bei den Schlangen gilt: Wenn man sich in freier Natur bewegt, Vorsicht und Aufpassen! Und sich nicht so verhalten, wie der vorher schon erwähnte Schlangenforscher FitzSimons, der Folgendes über eine Nacht im Freien berichtet: »Eines Abends luden wir unsere Sachen vom Packpferd und machten uns in der tiefen Abgeschiedenheit eines Natal-Urwalds ein behagliches Lager auf trocknem Laub in einer Bodenmulde. Nachdem wir noch einige Scheite auf unser Feuer geworfen hatten – denn außer anderm nächtlichen Diebsvolk trieben damals auch Leoparden dort ihr Unwesen – legten wir uns hin. Als wir am nächsten Morgen heraus gekrochen waren und unser Zulubursche die Bettdecke aufschüttelte, brach er in die verschiedenartigsten Laute der Überraschung und Aufregung aus. Dort, an tieferer Stelle, lagen zwei hübsche fette Nachtottern, eine kleine schwarze Mamba, fünf Skorpione, drei Tausendfüßler neben zahllosen Käfern, Spinnen und anderm Kleingetier der Wildnis. Die Ärmsten hatten sich alle zusammen gefunden, um nächtlicherweile die ungewohnte Wärme zu genießen, die von unsern Leibern ausstrahlte. Aber mein irischer Vetter war für Erlebnisse dieser Art nicht genügend abgebrüht und weigerte sich, jemals wieder eine Nacht im Urwald zu verbringen.«[10]

ABER AUSSER in den tropischen und subtropischen Ländern passiert es auch bei uns gelegentlich, dass man einem Skorpion begegnet. So entdeckte ein Hamburger fünf (!) Wochen nach seinem Marokko-Urlaub im Fußraum seines Autos einen Skorpion. Er rief Tierarzt und Feuerwehr herbei. Und die stellten fest, dass es sich bei dem Tier um einen Maurischen Dickschwanzskorpion handelte. Immerhin einer der doch sehr gefährlichen Skorpione, dessen Gift im menschlichen Körper schwerste Komplikationen bewirken kann: Kreislaufprobleme, Bluthochdruck und / oder Lungenödeme. Der Mann hatte Glück, dass er ihn rechtzeitig entdeckte. Dass der Skorpion höchstwahrscheinlich in den fünf Wochen keine Nahrung zu sich genommen hat, ist für ihn

MAN SAGT SKORPIONEN NACH, DASS SIE IN HÖCHSTER GEFAHR SICH SELBST MIT IHREM EIGENEN GIFT UMBRINGEN. WAS NATÜRLICH BLÜHENDER UNSINN IST! DENN GEGEN SEIN EIGENES GIFT IST DER SKORPION IMMUN

kein Problem. Diese Tiere können längere Zeit – bis zu einem Jahr etwa – ohne Nahrung auskommen.

ES SIND EBEN PHÄNOMENALE TIERE, diese Skorpione. Zugegeben, sie sehen nicht direkt kuschelig aus. Eher furchterregend. Einer, der sich mit Skorpionen mehr als nur gut auskannte, war der Amerikaner Professor Gary Polis, in Amerika als »The Scorpionman« bekannt. Auf der Website ›Der Skorpion‹ von www.nexusboard.net (eigentlich eine esoterische Website) fand ich von ihm den folgenden schönen Ausspruch über seine Forschungsobjekte:

»Lieben muss man sie nicht. Aber die Tiere sind ein phantastisches Modell dafür, wie Lebewesen unter extremsten Bedingungen existieren können. Sie sind eine unglaublich erfolgreiche Tierart, und wir fragen uns immer wieder: Wie haben sie das geschafft?«

UND BEDAUERLICHERWEISE haben sie es auch geschafft, so in Mode zu kommen, dass sich viele Menschen eben diese Skorpione, aber auch andere Gifttiere, zu Hause im Terrarium halten. Leider sind nur die wenigsten dieser Tierhalter befähigt, sich richtig um diese Tiere zu kümmern. Heute geht man ins Internet und erwirbt Spinnen oder Skorpione, wie man sich sonst ein Fahrrad oder eine Dose Erbsen kauft.

Das Land Hessen hat bekannt gegeben, dass im Jahr 2008 im Raum Südhessen und im Rhein-Main-Gebiet am Stichtag 30. April unter anderem gemeldet waren: 1690 Giftschlangen, 511 Spinnen, 119 Skorpione. Besonders überrascht war das Artenschutzdezernat beim Regierungspräsidium Darmstadt über die Tatsache, dass sich unter den Giftschlangen auch 5 Taipane aus Australien befanden. Die gut 2 Meter langen Taipane gehören zu den giftigsten Schlangen überhaupt. Mit ihrem Biss könnten sie umgerechnet etwa 15 000 Mäuse oder theoretisch gesehen 100 Menschen töten. Die Quantität eines Todesbisses für Menschen liegt im unteren Milligrammbereich! Taipane besitzen Giftzähne, die bis zu 13 Millimeter lang werden können. Und sie beißen mehrmals zu, was für einen Menschen in der Regel den Tod bedeutet. Und so etwas in einem Terrarium!

ES GÄBE NOCH VIEL SPANNENDES zu berichten über die faszinierenden Skorpione. Darum hier nur noch ein paar stichwortartige Besonderheiten:

› Sie können bis zu 25 Jahre alt werden.
› Bis zur ersten Häutung leben die kleinen Skorpione auf dem Rücken der Mutter.
› Geht das Skorpionmännchen nach erfolgter Paarung nicht sofort seiner Wege, kann es sein, dass es vom Weibchen aufgefressen wird.
› Skorpione fand man schon im Himalaja in 5000 Metern Höhe.
› Auf ihren Scheren befinden sich feinste Härchen, mit denen sie fühlen können, wenn sich etwa ein Insekt nähert.
› Skorpione gehören zu den Spinnentieren.

Und damit wir einen schönen Übergang zu eben den Spinnen haben, hier noch die Schilderung einer Begegnung zwischen einem Skorpion und einer Spinne. Stimmt es so, wie beschrieben? Wenn nicht, hört es sich aber trotzdem spannend an. Berichtet hat diese Begegnung Jousset de Bellesme, ein großer Skorpionkenner, der im 19. Jahrhundert lebte.

»Der Skorpion war ein etwa sieben Zentimeter langer spanischer Skorpion, die Spinne eine etwa ein Zentimeter große Spinne. Dem Bericht von Bellesme zufolge stach der Skorpion die Spinne, die ihm aber gar nicht den Gefallen tat, am Gift zu sterben. Sie blutete und verhinderte dadurch das Eindringen des Giftes in ihren Körper.

BEI ENTFERNUNG DES WASSERS IM GIFT EINES SKORPIONS ERGIBT SICH EINE MENGE TROCKENGIFT VON NUR 0,0001 BIS 0,0010 GRAMM

Und stellte sich daraufhin tot. Als der Skorpion sich dann mit seinem Mund der Spinne näherte, um sie zu fressen, rammte plötzlich die wiedererweckte Spinne ihm ihre hakenförmigen Klauen, und damit auch das Gift in seine Klauen. Der Skorpion ließ vollkommen überrascht sein Opfer los, ergriff es aber nach Überwindung seiner Überraschung erneut und stach die Spinne ein zweites Mal. Diesmal trat die tödliche Wirkung sofort ein. Aber der Skorpion war auch in Schwierigkeiten. Sein Körper krümmte sich wie bei einem akuten Wundstarrkrampf nach hinten. Der Skorpion überlebte, verbrachte aber, wie Professor de Bellesme berichtete, etliche Stunden mit körperlichen Beschwerden. So lange eben, bis er das Gift der Spinne neutralisiert hatte.«[11]

WOMIT WIR NUN BEI DEN SPINNEN angelangt wären. Und auch sie gehören zu den ekel- und angsterregenden Tieren. Zuhauf und zu Unrecht!

ENDSTACHEL UND GIFTBLASE EINES SKORPIONS

AMMEN-DORNFINGERSPINNE – IHR BISS HAT SPÜRBARE FOLGEN.

SPINNEN GIBT ES SCHON SEIT ETWA 400 MILLIONEN JAHREN

SIE WAREN SCHON VOR DEN SAURIERN DA: SPINNEN. Und dabei soll natürlich nicht nur die Rede sein von Webspinnen, die bei uns in den Häusern in der Ecke ihre Netze spinnen. Oder von Kreuzspinnen und Wolfsspinnen. Obwohl, man müsste sie alle nennen. Denn alle Spinnen sind Gifttiere! Alle Spinnen, egal ob sie von den insgesamt 30 000 Arten zu den winzigen von 1 Millimeter Körpergröße gehören oder zu den großen, die wie die Vogelspinne über 10 Zentimeter erreichen. Alle Spinnen haben in ihrem Kopfbruststück Drüsen, in denen sie Gift bilden.

Und weil ich gerade die Vogelspinne erwähnte, sie ist praktisch kaum mehr giftig. Wegen ihrer Größe hat sie offenbar ihre Giftigkeit aufgegeben. Ihre Beißwerkzeuge sind dermaßen groß, dass sie keine Probleme hat, ihre Beute damit zu töten und zu zerlegen. Die Spinnen, die man in unseren Breiten als giftig bezeichnen könnte, sind die Schwarze Witwe und die Dornfingerspinne.

Folgende Meldung war am 26. Juli 2006 in der »Berliner Morgenpost« zu lesen:

»**Giftspinne erreicht Brandenburg,** Klimawandel führt zur Ausbreitung von Dornfingern in der Region Potsdam – Eine giftige Spinnenart namens Dornfinger (Cheiracanthium punctorium oder auch Chiracanthium p.) ist in Brandenburg auf dem Vormarsch: Grund für die deutliche Ausbreitung der Krabbeltiere seien die Folgen des Klimawandels, sagte der Chef des Brandenburger Landesumweltamtes, Matthias Freude, gestern in Potsdam.

Das zunehmend trockene und warme Klima begünstigt demnach die Lebensverhältnisse des 1,5 Zentimeter großen Tieres mit dem charakteristischen roten Kopf, das normalerweise vor allem im südlichen Mitteleuropa beheimatet ist. In Deutschland wurde diese Spinnenart bereits am Kaiserstuhl und im Rhein-Main-Gebiet beobachtet. Die Dornfinger-Spinne steht hierzulande aber noch auf der Roten Liste der bedrohten Tierarten.

Die Spinnen weben auf trockenen Wiesen derzeit die Spitzen von Grashalmen zusammen, um dort ihr etwa taubeneigroßes Wohnzelt aufzuhängen. In der Gespinstglocke legen die Weibchen ihre Eier ab und verteidigen dann ihre Nachkommen. Der Biss der etwa drei Millimeter langen Kieferklauen des Dornfingers kann Freude zufolge beim Menschen Symptome wie bei einem Wespen- oder Bienenstich hervorrufen. Experten schildern weitere Symptome: Die Bissstelle verfärbt sich in manchen Fällen blau-rot und schwillt an. Übelkeit, Kopfschmerzen und Erbrechen, sogar Erhöhung der Körpertemperatur sind bei empfindlichen Menschen möglich, müssen aber nicht auftreten. Die Symptome klingen nach etwa drei Tagen ab. Die Bissstelle kann noch längere Zeit geschwollen oder gerötet sein. Nach dem Biss durch einen Dornfinger empfiehlt sich auf jeden Fall der Besuch eines Arztes. Ratsam ist es, das Spinnentier, von dem man gebissen wurde, einzufangen und mitzunehmen.

Vom Biss des Dornfingers sind allerdings meist Katzen oder Hunde betroffen, die in hohem Gras toben.

In der Schweiz wurden im Juli bereits drei Fälle registriert, in denen Dornfinger Menschen gebissen haben. Auch in Österreich gibt es Giftspinnenalarm.«

ALARM?!? Das klingt nach Hollywood-B-Movie-Szenario à la »Arachnophobia!« Auch hier, wie bei allen bisher erwähnten Tieren – und auch bei denen, die später noch beschrieben werden –, gilt leider: Gifttiere sind Feindbilder! In der entsprechenden Literatur spricht man davon, dass für 10 bis 50 Prozent der Deutschen Spinnen

DIE KREUZSPINNE GILT WEGEN IHRES KREUZZEICHENS ALS GLÜCKSTIER, DIE EIN HAUS VOR SCHÄDEN SCHÜTZT.

TOXINOLOGIE IST EIN TEILGEBIET DER TOXIKOLOGIE UND BEZEICHNET DIE LEHRE VON DEN GIFTEN DER TIERE, PFLANZEN, PILZE UND BAKTERIEN, BEHANDELT ALSO NICHT DIE SYNTHETISCH HERGESTELLTEN GIFTE

den Horror auf 8 Beinen darstellen. Das sind also grob geschätzt zwischen 8 bis 40 Millionen Deutsche, die in Panik geraten, wenn sie eine Spinne sehen. Und einige, man kann es kaum glauben, haben Angst, weil ihnen einst die – wie sie empfunden wurde – gruselige Spinne Thekla im Buch bzw. im Film »Biene Maja« Angst eingeflößt hat. Und diese Angst ist bei vielen geblieben.

ANGST HAT JA IMMER MIT EMOTION ZU TUN, und da ist man für Informationen wenig zugänglich. Dennoch, auch wenn es die Arachnophobiker, die Menschen also, die vor Spinnen Angst haben, nicht beeindrucken wird, Spinnen sind immens nützliche Tiere! So hat man zum Beispiel für viele (aber beileibe nicht für alle) Lebensräume von Spinnen errechnet, dass auf 1 bis 2 Hektar Land bis zu 1 Million Spinnen leben! Und was tun sie? Fressen natürlich: bis zu 50 Tonnen Beute pro Jahr bzw. bis zu 1 Milliarde Insekten. Und nun stellen Sie sich bitte einmal dieses Gebiet ohne die Spinnen vor! Es wäre schwarz von Insekten!

Unglaublich, diese Anzahl von Spinnen? Dann gehen Sie doch bitte mal in eine Wiese, knien sich hin und schauen sich genau um. Wenn es nicht gerade ein englischer Rasen ist oder ein Fußballplatz, werden Sie bald schon viele Insekten und jede Menge Spinnen finden!

UND VON DIESEN UNERSÄTTLICHEN und so nützlichen Spinnen gibt es wie schon gesagt circa 30 000 Arten, wovon aber nur etwa 20 Arten dem Menschen gefährlich werden können. Spinnen fangen ihre Beute mit Netzen, mit Fangfäden, mit gebauten Fallen. Ihr Gift bilden sie in einer Drüse, die hinter den Mundwerkzeugen liegt. Mit einem Druck auf diese Drüse befördern sie das Gift in die beiden zangenförmigen Mundwerkzeuge, die Chelizeren. Diese schlagen sie in die Beute und injizieren gleichzeitig das Gift.

Wie auch bei den zuvor beschriebenen Schlangen und Skorpionen, auch hier gibt es kein einheitliches Gift. Spinnengifte unterscheiden sich enorm. Es gibt zwei Hauptgifte: Nervengifte und Nekrosen bildende Gifte.

DER GEHEIME BEISSER. Ein Biss der Dornfingerspinne ist nicht gefährlicher oder schmerzhafter als ein Wespenstich. Und auch schon deswegen ist es maßlos übertrieben, von einem »Giftspinnenalarm« zu reden wie im zitierten Artikel. Ehe Journalisten die Menschen verrückt machen, sollten sie sich besser bei einem erfahrenen Zoologen oder Toxikologen erkundigen. Die würden ihnen sagen, dass der Biss dieser Spinne oft gar nicht als solcher bemerkt würde, sondern man hält ihn für den Stich einer Wespe.

Wesentlich unangenehmer ist da der Biss der Schwarzen Witwe, Europas einziger gefährlicher Spinne. Diese meist schwarzen Spinnen (viele haben auch noch rote Flecken auf dem Rücken), die zwischen 3 (Männchen) und 15 (Weibchen) Millimeter groß werden (die Größenangaben beziehen sich immer auf die Körperlänge, ohne Beine), sind fast auf der ganzen Erde verbreitet. In Europa kommen sie in den Ländern des Mittelmeergebietes vor. Die Alpen haben sie noch nicht überwunden, der Klimawandel mit milden Wintern aber wird es ihnen vielleicht ermöglichen, sich auch bei uns anzusiedeln. Latrodectus lautet ihr Gattungsname, was soviel bedeutet wie ›geheimer Beißer‹. Das rührt daher, dass der Biss der Spinne sich erst nach 10 bis 15 Minuten bemerkbar macht. Zum Beispiel leben viele Spinnen, wie auch die Schwarze Witwe, in ländlichen Gegenden in den berühmten kleinen Holzhäuschen mit einem ausgeschnittenen Herzchen in der Tür, den Toilettenhäuschen mit Plumpsklo. Also, wenn Sie müssen, müssen Sie vorher einmal unter den Deckel des Klos schauen, ob da

LAUT DER BRITISCHEN VERSICHERUNG CHURCHILL INSURANCE COMPANY STEHT IN DER LISTE DER RISIKO-REICHSTEN BERUFE DER DES TOXINOLOGEN AN ELFTER STELLE. EIN PLATZ HINTER DEN PROSTITUIERTEN. GEFÄHRLICHSTER BERUF IST DER DES FENSTERPUTZERS

SCHWARZE WITWE MIT MÄNNCHEN UND EIERKOKON, DAS MÄNNCHEN IST DEUTLICH KLEINER

IM ERSTEN WELTKRIEG
BESTAND DAS FADENKREUZ
VIELER ZIELFERNROHRE
AUS SPINNENFÄDEN

SPEISPINNEN SIND WELTWEIT VERBREITET UND LEBEN EHER IN HÄUSERN ALS IM FREIEN.

DIE SCHWARZE WITWE HEISST DESHALB SO, WEIL SIE EINERSEITS SCHWARZ IST UND WEIL DAS WEIBCHEN AUSSERDEM DAS MÄNNCHEN NACH DER PAARUNG UMBRINGT UND SICH SO SELBST ZUR WITWE MACHT. ABER AUCH ANDERE SPINNEN MACHEN DIES!

so ein Exemplar sitzt. Denn: Angriffslustig sind Spinnen überhaupt nicht. Wenn man sie aufschreckt, verschwinden sie.

Das Gift der Schwarzen Witwe ist ein Nervengift, dessen Symptome sich in der Regel in Schwitzen, Augentränen, Speichelfluss, geschwollenen Augenlidern und Augenbindehaut sowie in Muskelschmerzen manifestieren. Und dieser Schmerz kann sehr heftig werden und bis zum Unterbauch ausstrahlen. Das Ganze ist vergleichbar mit den Schmerzen von einem Hexenschuss! Übelkeit und Erbrechen kommen hinzu.

Und das alles kann über 24 Stunden andauern. Ist das nicht enorm, dass ein so kleines Tier einen Menschen so lange und so heftig in Bedrängnis bringen kann? Aber eben nur in Bedrängnis. Todesfälle gibt es offenbar nicht, trotz oftmals gegenteiliger, zum Teil obskurer Berichte.

THERAPIEN AUCH FÜR SPINNEN. Das sieht bei außereuropäischen Spinnen schon etwas anders aus. Zwar gehören diese Spinnen auch nicht zu denen, die reihenweise Menschenleben auslöschen, aber Vorsicht ist geboten. Speispinnen, Wolfsspinnen, Bananenspinnen oder Trichternetzspinnen sollte man besonders beachten. Und sollten Sie jetzt die Vogelspinne vermissen, ist das Absicht. Wie schon einmal erwähnt, ist sie mit ihren acht bis zehn Zentimetern Körperlänge so groß, dass sie kein Problem hat, Beute zu ergreifen. Dazu braucht sie kein Gift mehr, das sie zwar noch besitzt, aber meist nur schwach wirksam ist. Eine Vogelspinne ist nur sehr attraktiv, wenn im Film und Fernsehen die Grusellust der Zuschauer befriedigt werden soll oder wenn es um echte Spinnenangst geht. Dann wird sie – im wahrsten Sinne – hergenommen und bei einer Konfrontationstherapie dem Ängstlichen auf die Hand gelegt. Wenn er dies übersteht, kann er sie dann hoffentlich bewundern. Da sie sehr groß ist, kann man deutlich die großen Beißwerkzeuge, die Chelizeren, erkennen, die pelzige Behaarung und vor allem die zwei Mittelaugen plus den zwei bis fünf Paar Seitenaugen.

IN DER REGEL helfen solche Therapien den Menschen. Aber damit auch den Spinnen, die beruhigt weiterleben können und nicht befürchten müssen, erschlagen zu werden!

Und nicht zu vergessen: Man sollte auch mal die Netze bewundern! Die Hälfte aller Spinnenarten baut Netze, um ihrer Beute habhaft zu werden.

Diese Netze sind nicht nur dann schön, wenn der Morgentau darauf glänzt, sondern im Prinzip immer. Manche Netze sehen unordentlich aus, haben aber in ihrer Dreidimensionalität Sinn, und die großen flächigen Netze sind Wunder an Muster und Form. In den Tropen existiert eine Spinne, die Netze bis zu einer Ausdehnung von zwei Metern spinnt! Manche Arten essen ihre gebrauchten Netze, die aus Eiweißfäden bestehen, einfach auf und bauen dann ein neues. Wie praktisch!

SPEISPINNEN kommen hauptsächlich in den USA und in Südamerika vor (eine relativ ungiftige Art lebt auch im Mittelmeerraum). Sie werden in der Regel 8 bis 15 Millimeter groß und können durch ihren Biss den Menschen schon mehr Probleme bereiten. Um die Bissstelle bildet sich eine ausgedehnte Hautwunde mit Schorf, der nach der Ablösung eine tiefe Wunde zum Vorschein kommen lässt. Das ginge ja noch, aber wenn dann noch die Nieren versagen, kann dies, wie geschehen, bei Kindern auch zum Tode führen. Und weil diese Sache mit der tiefen Hautwunde eine ganz spezielle Sache ist, heißt die entsprechende Vergiftung auch Loxoscelismus. Nach dem lateinischen Namen der Speispinnenart Loxosceles.

TARANTELN BAUEN TRICHTERARTIGE GESPINSTE.

WESPENSPINNE – DAS WEIBCHEN HAT EINEN WESPENÄHNLICH GESTREIFTEN HINTERLEIB.

MANCHE SPINNEN ERZEUGEN EINEN FADEN VON NUR EINEM HUNDERTTAUSENDSTEL MILLIMETER DICKE

Auch die nächste Spinne hat es zu einer gewissen Berühmtheit geschafft; und auch zu einem Namen, der auf die Vergiftung zurückzuführen ist. Glaubte man wenigstens.

DIE SPINNE ALS TANZLEHRERIN. Zu den Wolfsspinnen gehören Taranteln. Die bekannteste Wolfsspinne bei uns ist die europäische Tarantel, die bis zu drei Zentimeter Körperlänge aufweisen kann und der man eine rasende Tanzsucht als Konsequenz für ihren Biss nachsagt. Die musikalische Form ist dann die Tarantella. Angeblich sollen die von der kleinen Tarantel gebissenen Menschen wild herumtanzen, um das Gift aus dem Körper zu treiben. Heißt der Tanz nach der Spinne? Heißt er so, weil er aus Taranto in Apulien kommt? Heißt der Ort so, weil es dort viele Taranteln gibt? Man weiß es nicht.
Man weiß aber, dass die Tarantel nachtaktiv ist und sich eine Erdröhre als Tagesraum baut. Nachts geht sie dann auf die Jagd nach Insekten oder anderen Spinnen. Sie orientiert sich mit ihren Augen und mit den feinen Härchen auf den Beinen, mit denen sie geringste Vibrationen erspüren kann. Wie ein Raubtier springt sie dann auf die Beute, beißt zu. Na dann, guten Appetit!
Und hier kann gleich für uns Menschen Entwarnung gegeben werden: Der Biss einer Tarantel ist harmlos. Und zwar bei allen Tarantel- bzw. Wolfsspinnenarten. Machen Sie also, wenn Sie tanzen lernen wollen, lieber einen Tanzkurs!
Das ist bei der nächsten Spinne etwas anders. Die Wander- oder Bananenspinne kann uns schon in Bedrängnis bringen. Eine gewisse Berühmtheit haben auch diese großen, bis zu fünf Zentimeter langen Spinnen erlangt.
Sie leben in Südamerika, dort oft in Bananenstauden und beißen dann die Arbeiter, die die Stauden transportieren. Darum schützen sich diese auch oft mit Arbeitshandschuhen. Die Bananenspinnen sind auch schon mal unfreiwillig in unsere Breiten eingeschleppt worden, wenn sie den Transport und die Kälte überlebt haben. Aber nicht deswegen heißen sie Wanderspinnen. Sie wandern auch sonst herum und leben unter anderem auch in Häusern. Bananen- oder Wanderspinnen bauen keine Netze, sondern jagen ihre Beute wie Raubtiere. Dabei können sie schon mal bis zu 50 Zentimeter weit springen!
ÜBRIGENS HAT DIESE SPINNENART eine beeindruckende Art, Feinden entgegenzutreten. Sie richtet die vorderen Beinpaare auf und reckt dem Feind ihre Kieferklauen entgegen. Diese sind bemerkenswerte fünf Millimeter lang und können ohne Weiteres in die menschliche Haut eindringen. Die Schmerzen kommen sofort und heftig und dauern stundenlang an. Der Blutdruck steigt, die Körpertemperatur ebenso, es kommt auch hier zu Tränen- und Speichelfluss.
Kinder sind wie bei allen Vergiftungen hier besonders gefährdet. Todesfälle sind jedoch selten.
Die spinnen, die Spinnen? Nein, natürlich nicht. Alle wollen genauso wie Sie und ich überleben. Sie fangen ihre Beute so ein, wie die Natur es ihnen vorgegeben hat. Und erfüllen natürlich auch eine Aufgabe in der Natur. Und manchmal eben zum Nachteil des Menschen. Aber Spinnen sind dennoch schützenswert. Was man am besten tut, wenn man sie nicht erschlägt. Und wenn man ihre natürlichen Lebensräume schützt.

DAS NETZ ALS TRICHTER. Und das gilt natürlich auch für die Trichternetzspinne, die von manchen Experten als die giftigste Spinne überhaupt angesehen wird. Sie wird etwa drei Zentimeter lang, hat eine schwarze Farbe und lebt nur in Australien und Tasmanien. Wie der Name schon sagt, baut sie trichter- oder röhrenförmige Netze am Boden. Aber auch in Häusern, wo gelegentlich beim Hausputz Menschen gebissen werden. Die Trichternetzspinne ist für eine Spinne ziemlich aggressiv, wenn man sie stört. Wenn Sie einmal eine solche Spinne sehen, man erkennt sie übrigens relativ leicht, weil sie am Hinterkörper zwei dicke Spinnwarzen besitzt, warum sie auch Doppelschwanzspinne genannt wird, wenn Sie also einmal eine solche entdecken, nicht mit dem Finger an die Beine tippen oder Ähnliches. Das kann ungut für Sie ausgehen.

Vergiftungen durch Trichternetzspinnen können verhängnisvolle Konsequenzen haben, so wie bei einer Frau, die beim Bettenmachen von einer solchen Spinne gebissen wurde: Sehstörungen, Schweißausbrüche, erhöhter Blutdruck, Muskelkrämpfe, Atembeschwerden, Lungenödem. Das alles hielt sechs Tage lang an, dann verstarb die Frau.

ALS LETZTES NOCH EINE BEMERKUNG zur Spinnenphobie: Die Arachnophobie ist kein Naturgesetz! Es ist keine angeborene Urangst. Es gibt Völker, bei denen man die Angst vor der Spinne nicht kennt. Ja, wo die Spinnen sogar heilige Tiere sind. Und der Islam verbietet es auch, Spinnen zu töten. Eine Spinne habe seinerzeit Mohammed vor der Entdeckung bewahrt, weil sie am Höhlenausgang ein Netz gewebt hatte.

Egal welcher Religion man angehört, Spinnen sollte man beschützen, ihnen den Raum lassen, den sie benötigen. Denn bedenken Sie, keine Spinne im Haus heißt auch mehr Fliegen, mehr Schnaken! Und wen stören schon die paar Spinnweben in den Ecken? Irgendwann benutzt die Spinne ihr Netz nicht mehr, dann kann man es wegfegen. Wie heißt es schon bei Goethe:

»Und ein Gewebe, sollt es ewig sein? Zerstört's die Magd nicht, reißt die Spinn es selber ein.«[12]

WOLFSSPINNE – AUFFÄLLIG SIND DIE VERGRÖSSERTEN HINTEREN MITTELAUGEN, DIE DIREKT NACH VORN ANGEORDNET SIND.

TRICHTERNETZSPINNE IN IHREM NETZ

HONIGBIENE – IHRE NAHRUNGSQUELLEN SIND SÜSSER NEKTAR UND POLLEN.

IN DEUTSCHLAND LEIDEN EIN BIS VIER PROZENT DER BEVÖLKERUNG UNTER INSEKTENGIFTALLERGIE

BIENEN, WESPEN, HORNISSEN. Erinnern Sie sich noch? 30 000 Spinnenarten gibt es. Das ist aber nichts gegen die etwa 2 Millionen Arten von Insekten. Da ist es doch geradezu selbstverständlich, dass sich unter diesen vielen Arten auch giftige befinden. Und wie es sich gebührt, will ich hauptsächlich über die wichtigsten giftigen Insekten reden. Und das sind nun mal unzweifelhaft die Bienen, die Wespen und die Hornissen. Man beachte das Wort ›wichtigsten‹. Es sind nicht die giftigsten in Europa. Aber eben die Tiere, mit deren Gift die meisten von uns in Kontakt kommen. Ein Bienen-, Wespen- oder Hornissenstich kann bei vielen Menschen sehr unangenehme Konsequenzen haben. Oft kann es dann zu schweren allergischen Reaktionen kommen. Aber ich sollte die Hummeln nicht vergessen. Denn auch die können stechen. Bevor wir uns diesen Tieren intensiver zuwenden, noch ein paar allgemeine Worte zu den Insekten. Es gibt sie immer und überall! Und zwar in rauen Mengen. Man schätzt die Gesamtzahl der Insekten auf 10 Trillionen, das ist eine 10 mit 18 Nullen! Falls Ihnen das übertrieben geschätzt vorkommt, dann bedenken Sie, dass es Heuschreckenschwärme mit bis zu einer Milliarde Tieren gibt. Oder Ameisenstaaten, die aus einer Million Individuen bestehen. Die Insektenforscherin May R. Berenbaum schätzt, dass auf unserer Erde etwa 200 Billiarden Termiten herumkrabbeln. Die, und das nur nebenbei gesagt, Berenbaums Angaben zufolge etwa durch ihre Darmtätigkeit 3 Prozent des gesamten Methangehalts der Atmosphäre erzeugen – furzende Termiten!

BEI DER MENGE AN EINZELWESEN ist es auch kein Wunder, dass viele Menschen sich bedenkenlos ihrer erwehren: »Huch, ein Käfer!«, und knacks, weg ist er. Oder oft tritt die Fliegenpatsche in Aktion: Wumm, platt ist die Fliege! Ein paar Ameisen? Her mit dem Spray und zisch, weg sind sie. Auch von den Insekten sind viele zu Feindbildern geworden, die man möglichst schnell und effektiv vernichten will.

HOFFENTLICH STREIKEN BIENEN NICHT. Sie sind nicht so unnütz, wie sie allgemein erscheinen. Etwa ein Drittel unserer Nahrung geht auf die Bestäubung von Insekten zurück, meint May R. Berenbaum. Andere Forscher haben einmal spielerisch angenommen, die Erde wäre eine Aktiengesellschaft: AG Blue Planet. Würden die Bienen einmal streiken, müsste Blue Planet allein in den USA fast sieben Millionen Dollar pro Jahr für Bestäuber ausgeben.[13]

Schon Albert Einstein sagte: »Wenn die Biene einmal von der Erde verschwindet, hat der Mensch nur noch vier Jahre zu leben. Keine Bienen mehr, keine Bestäubung mehr, keine Pflanzen mehr, keine Tiere mehr, kein Mensch mehr!«

Insekten fressen unter anderem Aas und Kot und reinigen die Erdoberfläche. Und sie fressen auch andere Insekten, die für uns eher unangenehm sind: Wanzen, Fliegen, Mücken, Bremsen. Sie sind – man kann es gar nicht oft genug sagen – schlicht und einfach notwendig und nützlich! Das Gute ist eben auch immer und überall!

Wie eben in gleicher Weise Bienen, Wespen, Hornissen oder Hummeln. Wenn man mit Menschen und deren Erfahrung über diese Tiere redet, dann kommt in der Regel sofort der Satz: »Drei Hornissenstiche töten einen Menschen, sieben ein Pferd.« Was einmal mehr blühender Unsinn ist.

Ja, Stiche von Bienen oder Wespen (die Hornissen gehören zu den Wespen) sind schmerzhaft und unangenehm. Und klar, viele Stiche erhöhen den Schmerz. Aber im Allgemeinen werden 50 bis 100 Stiche durchaus verkraftet. Allerdings nicht von Kindern oder von Menschen mit allergischen Reaktionen. Sie sollten Orte meiden, an denen man ziemlich sicher auf Bienen oder Wespen trifft: zum Beispiel blühende Wiesen, Frühstückstische im Freien (Kuchen, Marmelade und Wurst zieht sie an) oder Abfallkörbe bzw. Mülltonnen.

BIENEN ERZEUGEN DURCH FLÜGELSCHLAG IN IHREM STOCK WÄRME, ABER AUCH KÜHLUNG

ERDHUMMELN SIND IN GANZ EUROPA, NORDAFRIKA UND KLEINASIEN ANZUTREFFEN.

FARBIGE ODER SCHWARZE KLEIDUNG ZIEHT INSEKTEN EHER AN ALS WEISSE ODER HELLBRAUNE

DER STICH ALS OPFER? Beginnen wir mal mit den Honigsammlern, den Bienen. Mit ihrem Honig machen sie uns ja viel Freude. Mit ihrem Stachel dagegen weniger. Jedenfalls dann, wenn wir gestochen werden. Diese Vergiftungen durch Bienen- oder Wespenstiche gehören zu den häufigsten Vergiftungsfällen in Europa. Das Gift der Biene enthält sehr aktive Allergene, was bedeutet, dass Allergiker schon nach einem einzigen Stich in große Schwierigkeiten geraten können. Der allergische Schock kann zum Tode führen, übrigens die überwiegende Ursache bei Todesfällen nach Bienen- oder Wespenstichen. Bei meiner Frau, die allergisch auf Insektengifte reagiert, schwoll nach einem Wespenstich in den Finger der Arm bis zur Schulter an. Die Hände sahen aus wie aufgeblasene Küchenhandschuhe. Als mich eine Wespe stach, passierte dagegen überhaupt nichts. Ein kleiner stechender Schmerz, eine Rötung um den Stich herum, ein wenig Jucken, nach ein bis zwei Stunden war nichts mehr zu spüren.
Der Stachel der Biene liegt an der Spitze des Hinterleibes und trägt Widerhaken. Zum Stechen wird er ausgefahren. Sticht die Biene zu, krümmt sie sich, sodass der Stachel gut etwa zwei bis drei Millimeter in die Haut eindringen kann. Durch die Krümmung übt sie auch gleichzeitig Druck auf die Giftblase aus, sodass das Gift ausgepresst werden kann. Das alles geschieht zur Verteidigung. Bienen wie Wespen und auch Hornissen sind nicht aggressiv. Und Hummeln schon gar nicht. Und genau das ist das Geheimnis, nicht gestochen zu werden. Wenn Wespen sich – klassischerweise dem Frühstücks- oder Kaffeetisch mit der Marmelade, Wurst oder Kuchen – nähern, nicht herumfuchteln. Denn wenn eine Wespe einmal gestochen hat, werden Duftstoffe, sogenannte Alarmpheromone, frei, die weitere Wespen zum Stechen veranlassen. Dasselbe gilt auch für Bienen. Auch ihr Stich lockt Artgenossen an.

WESPEN WIE AUCH HORNISSEN können mehrmals zustechen. Bienen dagegen, wenn sie gestochen haben, verlieren beim Abflug ihren Stachel. Der Stachel bleibt in der Wunde stecken, pumpt aber kontinuierlich aus der anhängenden Giftblase das Gift hinein, weil ein Nervenknoten dies weiterhin steuert. Hat einen also eine Biene gestochen, ist es opportun, sofort den Stachel aus der Wunde mit einer spitzen, nicht flachen Pinzette herauszuziehen, damit man nicht noch den Rest des Giftes in die Wunde drückt. Für die Biene ist es das Ende. Nach dem Abflug, ohne Stachel, muss sie sterben. Opfert sie sich damit für ihr Volk, indem sie den vermeintlichen Angreifer vertreibt und dann stirbt? Es liegt wohl eher daran, dass der Halteapparat des Stachels zu schwach ist, um ihn aus der Haut des Gestochenen zu ziehen, was Wespen besser gelingt.

WENN MAN ÜBER BIENEN SPRICHT, dann taucht oft auch der Begriff ›Killerbiene‹ auf. Gemeint ist damit eine Kreuzung aus der europäischen und der afrikanischen Biene. Ein Schuss Europabiene als gutmütige Sammlerin und ein Schuss Afrikabiene als zwar etwas aggressivere, aber an tropische Temperaturen angepasste Sammlerin sollte eine Superbiene ergeben. Das Ergebnis ist eine Biene, die wenig Lust hat zum Honigsammeln, aber desto aggressiver reagiert. Eine Rambobiene sozusagen.
Sie ist so aggressiv, dass schon ein Autohupen, ein Torjubel bei einem Fußballspiel sie zum Angriff blasen lässt. Ihr Gift aber ist nicht sehr verschieden von dem der normalen Bienen, nur dass eben hier viel mehr Individuen stechen. Die Kreuzung fand in Brasilien statt, von wo sich dann in der Folgezeit die ›abelhas assassinas‹, die ›Mörderbienen‹, bis in die USA ausbreiteten.

DIE GEFÄHRDUNG FÜR MENSCHEN UND HAUSTIERE DURCH DIE HORNISSE WIRD IN ALLER REGEL ÜBERTRIEBEN.

DAS LEBEN IN DER ETAGENWOHNUNG. Hornissen beeindrucken erst einmal durch ihre Größe. Bis zu vier Zentimeter können sie erreichen. Genauso wie die Bienen und Wespen leben sie sozial und bilden Staaten. Dafür bauen sie wunderschöne Nester, meistens in hohlen Bäumen. Aber eben auch in Nistkästen, Dachgeschossen oder anderen geschützten Räumen, die für sie immer schwieriger aufzufinden sind. Auch hier muss man wieder feststellen: Nicht die Hornisse bedroht den Menschen, der Mensch ist für die Hornisse unendlich viel bedrohlicher. Er zerstört ihre Lebensräume, er zerstört ihre Nester und sprüht Pestizide.

Im Frühjahr baut die Königin ein kleines Nest, das bald zu winzig wird. Dann schwärmen Kundschafterinnen aus, um eine neue Heimat zu finden. Morsches Holz wird zu Brei zerkaut, woraus die Waben gebaut werden. So entstehen dann Wolkenkratzernester, die bis zu 10 Etagen haben können und einen Durchmesser von bis zu 40 Zentimeter aufweisen! Hornissen sind im Gegensatz zu den anderen Wespen keine Störer des Frühstückstisches. Sie mögen zwar auch Süßes, das aber besorgen sie sich von Bäumen, bei denen Saft austritt. Oder sie fliegen auch mal zu einem schon etwas angegammelten Stück Obst. Ansonsten jagen sie andere Insekten wie zum Beispiel Wespen. Sie sind übrigens auch nachts unterwegs. Große ›Wespen‹, die nachts fliegen, sind Hornissen!

HORNISSEN STECHEN DANN ZU, wenn man ihrem Nest zu nahe kommt. Ich wollte einmal ein solches Nest besichtigen. Als ich etwa in drei Meter Entfernung war, kam eine Hornisse in direktem Flug auf mich zu, setzte sich auf meinen Arm und stach sofort zu. Die wusste genau, was sie tat!

Und schon hatte ich circa 0,5 Mikrogramm Hornissengift im Körper. Die Stichwunde schwoll an, es schmerzte zuerst ziemlich brennend, dann schwächte es sich nach und nach ab, und zurück blieb den ganzen Tag ein heftiger Juckreiz. Ich habe dann von der Nestbesichtigung Abstand genommen. Was ja wohl auch im Sinne der Hornisse war.

Es war wahrscheinlich mein direkter Weg zum Nest, der die Hornisse zum Angriff veranlasste. Denn ich bin seither oft an einem großen Hornissennest vorbeigelaufen, das in einem Baum gebaut wurde, der neben der Wäscheleine steht. Keine Hornisse hat mich je dort verfolgt. Allerdings hatte ich manchmal den Eindruck, dass sie mir misstrauisch nachschauten. Aber das ist natürlich nur eine menschliche Ausdeutung ihrer Bewegungen am Nestrand.

AUS ALLEDEM erfolgt das einzig mögliche Fazit: Lassen wir die Wespen, Bienen, Hummeln und Hornissen leben, wie sie sind! Sie tun uns nichts. Und nach einem Stich braucht niemand in Panik zu geraten. Es sei denn, ich wiederhole mich hier gerne, Sie sind Allergiker. Den allergischen, sprich anaphylaktischen Schock nach einem Biss sollten Sie nicht unterschätzen: Er beginnt mit Juckreiz und Rötungen an der Bissstelle, mit einem Hitzegefühl, mit Hautverfärbung, Übelkeit, Erbrechen, Durchfall, Atemstörungen, Kreislaufkollaps. Dies geschieht schon wenige Minuten nach dem Stich, meist kommt ärztliche Hilfe zu spät. Man sollte also unbedingt wissen, ob man zum Kreis der Allergiker gehört, die auf Bienen- oder Wespengift sensibel reagieren. Es gibt heute Therapien, die Allergiker desensibilisieren. Gehört man zu diesem Personenkreis, so sollte man stets ein Notfall-Set mit sich führen.

AMEISEN, RAUPEN, KÄFER, von denen auch etliche Gifte bilden, gehören natürlich auch zu den Insekten, vor denen wir Respekt haben sollten. Zum Beispiel meidet man besser die Berührung von haarigen Raupen. Der Kontakt mit ihren Brennhaaren kann schmerzhafte Folgen haben. Und sich in einen Ameisenhaufen zu setzen, empfiehlt sich wirklich nicht. Das kann den Hintern ganz schön zum Brennen

HORNISSENNEST IN EINEM AHORNBAUM

FÄRBERFRÖSCHE GIBT ES IN VERSCHIEDENEN FARBEN.

ES GIBT IN SÜDAMERIKA AMEISEN, DIE HORMIGA VEINTICUATRO HORAS HEISSEN, WEIL DER SCHMERZ NACH EINEM BISS 24 STUNDEN ANDAUERT

bringen. Die europäischen Ameisen sind jedoch nicht gefährlich. Hingegen sind süd- und nordamerikanische Ameisen in der Wirkung ihres Stiches oft einem Wespenstich überlegen.

FRÖSCHE, KRÖTEN, ECHSEN. Bevor wir uns dem giftigen Leben im Wasser zuwenden, darf ich diese Gruppe von giftigen Tieren nicht auslassen. Nun werden Sie vielleicht sagen: »Was? Giftige Kröten? Wirklich?«

Ja, Frösche, Kröten und Salamander sind auch zu den giftigen Tieren zu rechnen. Sie gefährden Menschen zwar nicht, aber spannend ist diese Amphibienwelt dennoch.

In der Regel sind diese Tiere für viele andere eine willkommene Beute. Und deswegen müssen sie sich schützen. Wegspringen nützt nicht immer. Also haben viele der Frösche und Kröten ein Hautsekret entwickelt, das Feinde abschrecken soll. Wenn sie einmal in solch eine übel schmeckende Kröte gebissen haben, sollen sie bei der nächsten wissen: »Äh pfui, da such ich mir etwas Anderes!« Sonst kann es zu spät sein! So wie bei einer Schweizer Familie, von der der »Basler Hinkende Bote« des Jahres 1813 berichtet. Da hatte eine Familie abends bei Tisch gesessen und das Brot in Gänsefett getaucht, das von einer Gans stammte, welche die Magd zubereitet hatte. Als die Magd weiter auftischen wollte, fand sie die ganze Familie tot vor. Alles, was man später aus der geschockten Magd herausbrachte, war, dass es wohl nur am Gänsefett gelegen haben könnte:

»Die Ärzte tauchten daher einige Bissen Brodt in das Fett, und warfen sie einem Hunde vor. Kaum verfloß eine Viertelstunde nach dem Genuß, so war er todt. Jetzt zerlegte man die Gans. Wie groß war nicht aller Erstaunen, als man eine gebratene große Kröte im Innern derselben fand! Das ganze traurige Ereigniß klärte sich nun auf. Während der Nacht, wo die geputzte Gans im Keller lag, war die Kröte hinein gekrochen, und mit dieser dann zugleich an den Bratspieß gezogen und gebraten worden, so daß sich ihre Säfte mit denen der Gans vermischten und diese vergifteten.«[14]

Nun, wenn es denn nicht wahr ist, so ist es doch eine schön gruselige Geschichte!

DIE KRÖTE, DIE ICH EINMAL VOR DEM HAUS FAND, war ein wunderschönes Exemplar einer Wechselkröte. Und die fand es wohl nicht so begeisternd, dass ich sie in die Hand nahm und sie mir näher betrachtete. Jedenfalls sonderte sie vermehrt ein Sekret aus ihrer Haut ab. Was mich nicht groß beeinträchtigte. Aber wenn man es in die Augen reibt, kann es schon zu einem unguten Brennen führen. Also: Man kann die Kröte zwar ohne Bedenken in die Hand nehmen, aber hinterher Hände waschen nicht vergessen!

FRÖSCHE, KRÖTEN, UNKEN UND SALAMANDER, aber auch Molche, die mit den Salamandern verwandt sind, haben in ihrer Haut Drüsen, die dafür sorgen, dass ihre Haut nicht austrocknet. Die Sekrete dieser Drüsen enthalten eben auch toxische Wirkstoffe. Der bekannteste Vertreter ist wohl der Pfeilgiftfrosch, der mal leuchtend blau, knallrot, gleichmäßig braun, grellgelb oder wunderschön gemischt bunt erscheint. Das Hautsekret, das hochgiftig ist, benutzen die Indianer Süd- und Mittelamerikas, um ihre Pfeile zu vergiften. Übrigens kann man die mit dem Gift getöteten Tiere essen, da es ja in der Beute verdünnt vorliegt. Zur Sicherheit aber schneiden die Indianer die Trefferstelle aus dem Körper heraus.

Mit dem Hautsekret eines Frosches kann man 10 Menschen oder 20 000 Mäuse töten! In dem Moment, wo man diese Tiere in Gefangenschaft züchtet, geht allerdings die ganze Giftigkeit verloren. Denn sie produzieren ihr Gift nicht selbst, sondern nehmen es mit

ES GIBT AUCH EINE GIFTIGE VOGELART. ES IST DER PITOHUI, DER IN PAPUA-NEUGUINEA LEBT. SEINE FEDERN, DIE HAUT UND DIE MUSKULATUR ENTHALTEN EIN GIFT, DAS MAN AUCH VON DEN PFEILGIFTFRÖSCHEN KENNT

 ihrer Nahrung (Milben und Ameisen) auf, speichern es und scheiden es über die Haut aus. Also brauchen Sie, wenn Sie Pfeilgift wollen, gar nicht erst anzufangen, diese Frösche zu züchten.

BEVOR WIR JETZT MEINEN SPAZIERGANG in der Welt der Gifte unter Wasser verlagern, noch einige kleine Anmerkungen zum Thema …

WAS TUN, WENN …? ERSTE HILFE, LETZTE HILFE, KEINE HILFE … ODER? Was tun, wenn eine Vergiftung eingetreten ist? Nur die ganz Ängstlichen sagen jetzt: »Testament machen!«
Aber das ist natürlich Unsinn. Im Ernst: Die erste und wichtigste Maßnahme nach einer Vergiftung ist: Ruhe bewahren! Nicht in Panik geraten! Bezieht es sich nicht auf Sie selbst, dann versuchen Sie, die betroffene Person zu beruhigen.
Die zweite Maßnahme: Zum Arzt gehen! Und ihm die Möglichkeit geben, zu erkennen, um welches Gift es sich handelt. Also etwa Pilzreste mitbringen, Haushaltsreiniger zeigen oder das Tier möglichst genau beschreiben.
Keine sogenannten Hausmittel anwenden! Das geht meistens schief, warnt der Toxikologe:
»Erste Hilfe-Methoden bei einer Vergiftung sind für den, den es betrifft, kaum richtig anzuwenden. Die können einmal richtig sein, die können einmal falsch sein. Zum Beispiel Finger in den Mund stecken, um zu erbrechen. Da besteht die Gefahr, dass beim Erbrechen etwas in die Lunge gerät. Und das kann gefährlich sein bei bestimmten Stoffen wie Spülmittel, die besonders aggressiv wirken, wenn sie in die Lunge geraten. Da kann es innerhalb von Minuten zu einem Lungenödem, zum Wasserbilden in der Lunge kommen, was bei Kindern tödlich verläuft. Ein Arzt kann immer schonender den Magen entleeren.«[15]

HAT SIE EIN TIER GEBISSEN ODER GESTOCHEN, ist eines ganz falsch: den Arm oder den Fuß abbinden! Und wenn es noch so oft in Büchern beschrieben und in Western gezeigt wird.
Man verhindert zwar dadurch, dass sich das Gift im Blut verbreitet. Geht man aber zum Arzt und der löst die Binde, schießt das Gift umso schneller in den Körper, der dadurch noch viel mehr gefordert wird. Und schon gar nicht die Wunde aufschneiden und aussaugen! Das empfahl man schon in alten Römerzeiten, aber es wird deswegen nicht richtiger:
»Das merkwürdigste und besonderste Mittel zu verhindern, daß die durch den Biss eines giftigen Thieres oder durch vergiftete Waffen verursachte giftige Wunden, nicht tödlich werden, bestehet nach der Meynung des Münicks darinnen, daß man den Gift mit dem Mund aussauget. Plinius versichert, dass dieses Mittel schon zu seiner Zeit bekannt gewesen, und er führet gewisse Leute an, welche er Psyllos nennet, die es wagten, diese Arten der Wunden auszusaugen, und die wie man glaubte, eine besondere Kraft an sich hatten, dem Gift zu widerstehen. Herr Münick versichert, daß dieser Gebrauch in Ostindien sehr bekannt wäre, und daß es daselbst ganze Familien gäbe, die sich von diesem Gewerb erhielten, weil es als da sehr viele giftige Thiere giebet. Die einzige Vorsicht, welche diese Leute gebrauchen, ist, dass die sich den Mund unterschiedlichemal mit Limonien-Saft auswaschen, welcher ein vortreffliches Verwahrungsmittel wider die Schädlichkeit des Giftes ist.«[16]

HERR MÜNICK IRRT UND PLINIUS EBENSO. Mit der noch so kleinsten Verletzung in Ihrem Mund würden Sie das Gift dann auch noch selbst aufnehmen. Und mit Aussaugen bekommt man aus einer Stich- oder Bisswunde gar nichts an Gift heraus.

DAS HAUTSEKRET EINES FEUERSALAMANDERS ENTHÄLT VOR ALLEM KRAMPFAUSLÖSENDE STOFFE.

GOLDENE PFEILGIFTFRÖSCHE MACHEN DIE PFEILSPITZEN DER EMBERA CHOCO-INDIANER GIFTIG.

DER MAULWURF, OBWOHL KEIN SCHLANGENJÄGER, IST RESISTENT GEGEN DAS GIFT ALLER SCHLANGEN

SCHWARZER STEIN – SNAKE STONE

So sehr Sie auch auf Ratschläge von Einheimischen hören sollten, was Vorsichtsmaßnahmen bei Ausflügen betrifft, so wenig sollten Sie in den Tropen auf diese hören, wenn diese Ihnen zum Beispiel einen schwarzen Stein, den ›snake stone‹, auf die Hand legen. Der hilft gegen Schlangenbisse, wird man Ihnen sagen. Hilft aber nicht! Überhaupt nicht. – Ansonsten: Keine Zeit verlieren, zum Arzt gehen.

Nun werden Sie vielleicht sagen: »Da bin ich mitten im Wald, und eine Hornisse hat mich am Hals gestochen, und ich fühle mich schwindlig. Und dann soll ich Ruhe bewahren?« Nun, in der Regel haben Sie ja heute ein Handy dabei. Rufen Sie die Polizei, die Feuerwehr, teilen Sie ihnen mit, was passiert ist, und machen Sie einen Treffpunkt aus. Und dorthin gehen Sie bitte langsam, aber zügig. Nicht rennen! Ruhig und gleichmäßig durchatmen. So schnell stirbt man nicht!

ALS LETZTES werden Sie vielleicht noch nach einem Antiserum fragen. Warum injiziert man das nicht gleich? Zum Beispiel bei Schlangenbissen.

Da sind wir erst einmal wieder beim Arzt gelandet. Nur der kann und darf das geben. Nur der kennt sich aus, wenn es zu Nebenwirkungen kommt wie einem allergischen Schock. Aber abgesehen davon gibt es nicht jedes Antiserum einfach so in der Apotheke zu kaufen. Zweitens muss es immer kühl gelagert werden. Und das ist oft sehr schwierig, wenn nicht gar unmöglich. Und weiter noch, so ein Antiserum hält auch nicht lange, es darf nach einer gewissen Zeit, nach fünf oder sechs Jahren, nicht mehr verwendet werden.

Sind Sie mit einem Schlangenbiss in eine Klinik eingeliefert worden, werden als erste Maßnahme die Körperfunktionen stabilisiert. Das Antiserum gibt man, wenn die Situation des Patienten bedrohlich wird.

Auch wenn es eine Wiederholung ist, hier eine Zusammenfassung von Maßnahmen nach einem Biss oder Stich durch ein Gifttier in Kurzfassung:

› Ruhe bewahren, nicht in Panik ausbrechen.
› Betroffene Stelle ruhig stellen, wenig bewegen.
› Schmuck und Uhr abnehmen, da die Gliedmaßen anschwellen können.
› Versuchen zu eruieren, was einen gebissen oder gestochen hat.
› So schnell wie möglich zu einem Arzt oder zu einer Klinik fahren. Eventuell auch den Notarzt anrufen.
› Keine sogenannten Hausrezepte anwenden wie etwa Wunde aufschneiden, aussaugen, abbinden, kein warmes oder kaltes Wasser auf die Wundstelle geben.

Das alles bliebe Ihnen erspart, wenn Sie ein Igel wären! Unsere Igel, man höre und staune, sind resistent gegen sämtliche Schlangengifte. Und nicht nur gegen das der hiesigen Kreuzotter. Nein, ein Igel könnte auch von einer Kobra gebissen werden, einer Schlange, der er nie und nimmer begegnet, es würde ihm nichts passieren. Das ist sehr praktisch für ihn, denn der Igel ist ein natürlicher Feind der Schlangen. Und wenn Sie Rudyard Kiplings »Dschungelbuch« gelesen haben, dann kennen Sie Rikki-Tikki-Tavi und wissen auch, dass Mungos ebenfalls gegen Schlangenbisse resistent sind. Und dazu – willkommen im Club – gehören auch noch die Spitzmaus und der Maulwurf, mit dem Igel die ältesten Säugetiere.

IGEL SIND GEGEN ALLE (!)
SCHLANGENBISSE IMMUN.

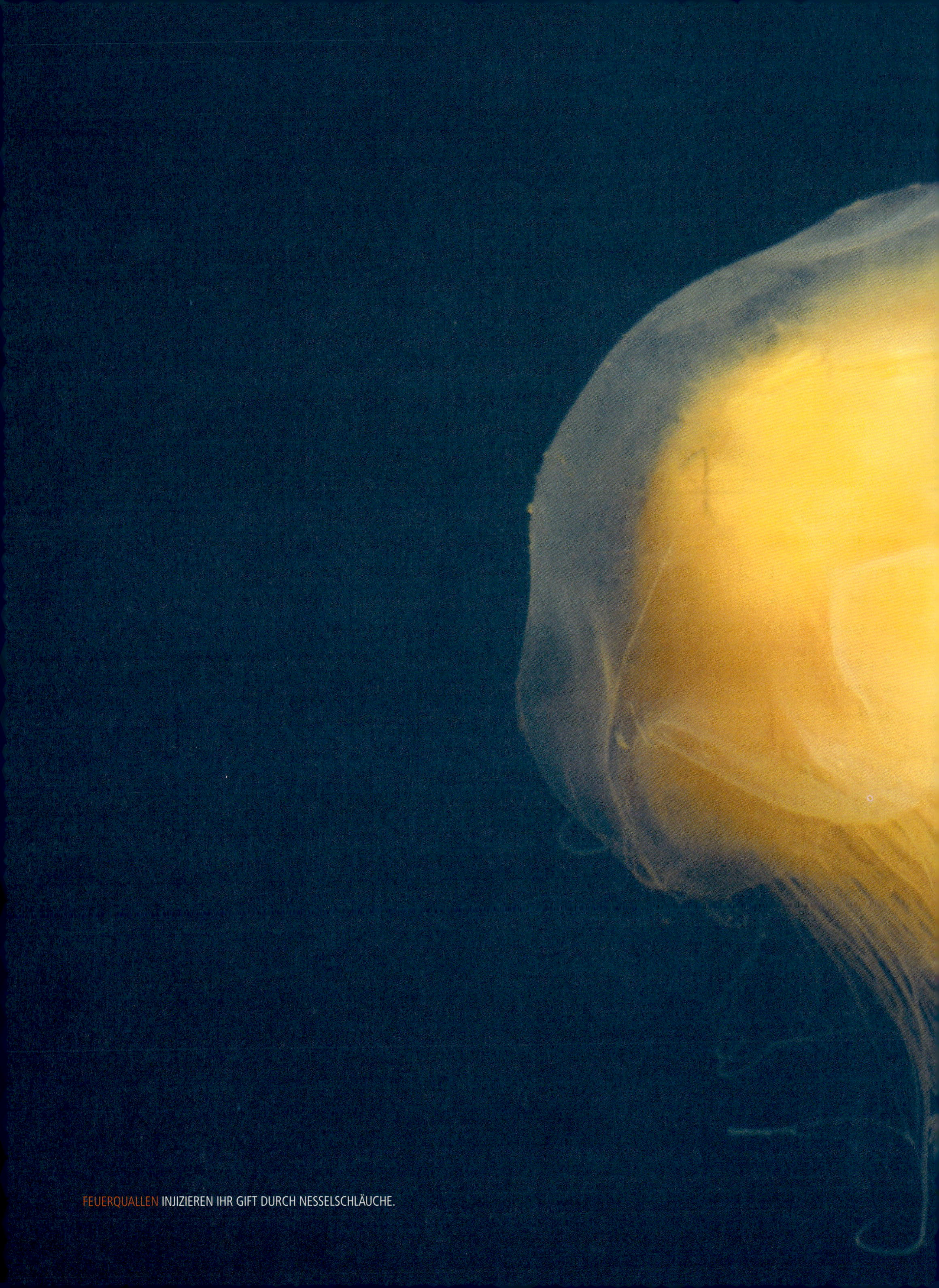

FEUERQUALLEN INJIZIEREN IHR GIFT DURCH NESSELSCHLÄUCHE.

SPIEGELEIQUALLE – SCHWACH GIFTIG

WÜRFELQUALLE – EXTREM GIFTIG

KOMPASSQUALLE – SCHWACH GIFTIG

BLUMENKOHLQUALLE – SCHWACH GIFTIG

ES GIBT QUALLEN, DIE AUGEN BESITZEN, NÄMLICH DIE WÜRFELQUALLEN. WIE ABER DIESE QUALLEN BILDER OHNE GEHIRN VERARBEITEN, WEISS MAN NICHT

ABER NUN: AB INS WASSER!

Ozean, gönn uns dein ewiges Walten!
Wenn du nicht Wolken sendetest,
Nicht reiche Bäche spendetest,
Hin und her nicht Flüsse wendetest,
Die Ströme nicht vollendetest,
Was wäre Gebirge, was Ebnen und Welt!
Du bists, der das frischeste Leben erhält!
(Goethe, »Faust II«)

DIE BRENNNESSELN DES MEERES. Ferien am Meer, genauer gesagt im Meer! Ist ja auch schön, so im Meer zu plantschen oder zu tauchen, um die Unterwasserwelt zu entdecken. Und zu sehen gibt es da einiges. In allen Weltmeeren leben mehr als eine Million Arten. Und natürlich auch Gifttiere. Denn mindestens genauso vielfältig wie die giftige Welt zu Lande ist die unter Wasser. Wo sich der Mensch auf zwei Arten vergiften kann: einerseits durch einen aktiven Einsatz der Tiere, zum Beispiel durch die Nesselzellen der Quallen oder durch die Giftstacheln von Fischen; und andererseits durch den Verzehr von giftigen Meerestieren wie etwa Muscheln, Krebsen und Fischen.
Der Brennpunkt unter Wasser, wo sich alles versammelt, was Rang und Namen in der Gifteskala hat, zumindest in tropischen Gewässern, ist das Korallenriff, der Unterwasserregenwald sozusagen. Aber denken Sie nicht gleich, na ja, Korallenriff, Tropen, das ist ja alles weit weg, da kann uns in unseren Breiten nichts passieren. Weit gefehlt. Bleiben wir gleich in europäischen Gewässern. Sie haben sich sicher auch gelegentlich geärgert, wenn Sie am Meer standen und nicht ins Wasser konnten, weil es gerade eine Quallenschwemme gab. Und da tut man wirklich gut daran, die Berührung mit Quallen, die zu den Nesseltieren gehören, zu vermeiden. Diese ansonsten wunderschönen Geschöpfe, wie etwa die in der Nord- und Ostsee sowie im Atlantik und Pazifik vorkommende Feuerqualle, können einem ganz schön wehtun.

DAS PASSIERT, WENN WIR NICHT AUFPASSEN und in den Bereich der Nesselzellen ihrer Fangarme kommen. Und die haben es in sich. Wie generell die wirksamsten Toxine zielt auch das Gift der Quallen auf unsere wichtigsten vitalen Funktionen.
Diese Tentakel sind wahre Wunderwerke. Man müsste eher sagen, eine wahre Wunderwaffe. In den Fangfäden liegen in Zellen eingebettet Nesselkapseln. Bei einem äußeren Reiz explodieren diese und schießen einen Dorn heraus, der sich in die Haut bohrt. Durch diesen hohlen Dorn schnellt jetzt ein vorher aufgerollter, feiner Schlauch heraus, durch den dann das Gift hindurchgepumpt wird. Die Explosion der Nesselkapseln mit dem Herausschleudern des Dorns nach einer Berührung ist die schnellste ablaufende Reaktion im Tierreich! Im selben Moment ist das Opfer wie zum Beispiel ein Fisch absolut immobilisiert.
Wie schon gesagt, solche Quallen gibt es auch in unseren Breiten, in der Nord- und Ostsee. Vor der Portugiesischen Galeere im Mittelmeer wird auch gewarnt. Genau genommen ist die Portugiesische Galeere aber keine Qualle. Laut Biologen ist sie eine Kolonie voneinander abhängiger Polypen, die sich zu einem Gesamtwesen zusammengetan haben, einzeln aber nicht lebensfähig sind. Aber sie – die Biologen und die Portugiesische Galeere – werden es mir nachsehen, wenn ich hier jetzt einfach mal von einer Qualle rede. Ihre bis zu 25 Zentimeter große Blase ist mit Luft gefüllt, weswegen sie hauptsächlich an der Wasseroberfläche treibt und vom Wind verdriftet wird. Die Portugiesische Galeere, die normalerweise im tropischen Atlantik zu Hause

ES GIBT IN AUSTRALIEN SPEZIELLE GANZKÖRPERSCHUTZ-ANZÜGE MIT KAPUZE, DIE STINGER SUITS, DIE GEGEN EINE VERNESSELUNG DURCH QUALLEN SCHÜTZEN

ist, besitzt Tentakel, die bis zu 20 (!) Meter lang werden können. Und jeder dieser Fangfäden enthält über 700 000 Nesselkapseln!

UND WER EINMAL IN DIESES GEFLECHT dieser hirnlosen Tiere gerät, ist in großen Schwierigkeiten. Denn durch die Schreckbewegung nach einer Berührung verfängt sich der Schwimmer noch weiter in den Tentakeln und wird genesselt. Der Schmerz setzt nach dieser Vernesselung sofort ein. Man wird unter Umständen bewusstlos. Also sollte man den Verletzten sofort aus dem Wasser holen, sonst besteht die Gefahr, dass er ertrinkt.

Die schon erwähnte Feuerqualle, auf die man zum Beispiel im Golf von Biskaya trifft, kann einen ebenfalls übel vernesseln. Denn immerhin kann ihr Schirm bis zu 2 Meter Durchmesser erreichen und die Tentakel eine Länge von – man höre und staune – bis zu 30 Meter! Allerdings sind die, die in unseren Breiten herumschwimmen, deutlich kleiner. Ihre Schirme werden nur bis zu 50 Zentimeter groß.

TROTZ ALLEDEM: ES SIND WUNDERSCHÖNE TIERE, besonders wenn man sie in Bewegung sieht. Ihr wirklich anmutiges Schweben im Wasser lädt geradezu dazu ein, sie anzufassen und in die Hand zu nehmen. Aber bitte nicht! Auch nicht, wenn Sie am Strand eine Qualle finden. An Land wirken sie ja nicht so schön und elegant, sondern sehen eher nach einem glibberigen, transparenten Wackelpudding aus. Und sie sehen aus wie tot, was aber manchmal gar nicht der Fall ist. Ans Ufer gespült, kann eine Qualle durchaus eine gewisse Zeit überleben. Die Nesselzellen sind auch bei toten Tieren immer noch aktiv. Und wundern Sie sich nicht, wenn Sie nach einem Meeresbad auf der Haut Spuren von Nesselverbrennungen sehen, obwohl Sie gar keine Qualle gesichtet hatten. Ihre Tentakel schwimmen gelegentlich einfach so im Meer herum und haben sich von toten oder lebenden Quallen abgetrennt. Quallen sollte man nicht unterschätzen!

QUALLEN UND QUALEN. Dieses Wortspiel darf natürlich nicht fehlen! Darum habe ich mir für den Schluss noch die gefährlichste Qualle von allen aufgehoben. Eines der giftigsten Tiere überhaupt: die Würfelqualle oder Seewespe, die hauptsächlich in den Gewässern nördlich und östlich Australiens vorkommt. Ihren Namen Würfelqualle trägt sie, weil ihr bläulich gefärbter Schirm, der bis zu 30 Zentimeter groß werden kann, ein eher würfelförmiges Gebilde ist. Eine Vernesselung durch die Würfelqualle führt ebenfalls zu unerträglichen Schmerzen und Hautverletzungen, die an Verbrennungen erinnern. Plötzliches Herzversagen führt zum Tod, wenn nicht schnell ärztliche Hilfe vor Ort ist. Man sagt, dass es in Australien mehr Tote durch die Würfelqualle gibt als durch Haie und Krokodile zusammengenommen. Das Gift einer einzigen erwachsenen Würfelqualle, das auf 150 bis 200 Millionen Nesselkapseln verteilt ist, würde ausreichen, um 250 Menschen umbringen!

NICHT SELTEN GESCHIEHT ES, dass sich eine Ansammlung von Würfelquallen in seichten Küstengewässern aufhält. Was speziell für Kinder gefährlich werden kann. Diese spielen oft im flachen Wasser und sehen die Quallen nicht.

So wie ein zehnjähriges Mädchen in Australien, das auf diese Weise in Berührung mit einer Würfelqualle kam. Als man sie aus dem Wasser zog, waren ihre Beine fast vollständig von den Tentakeln der Würfelqualle umwickelt. Der Meeresbiologe Jamie Seymour, ein exzellenter Quallenkenner, meinte nur: »Wenn man ein Opfer sieht, das eine Würfelqualle mit so vielen Tentakeln berührt hat, befindet es sich normalerweise schon in der Leichenhalle.« Das Mädchen aber überlebte glücklicherweise. Es wurde erst nach sechs Wochen aus dem Krankenhaus entlassen. Nach reichlich erlittenen Qualen, mit vielen schrecklichen Narben am Körper als Folge der Vergiftung.

DIE TENTAKEL DER PORTUGIESISCHEN GALEERE KÖNNEN BIS ZU 20 METER LANG WERDEN.

SEEANEMONE – MUNDÖFFNUNG

ES GIBT QUALLEN MIT DEN NAMEN BLUMENKOHLQUALLE, SPIEGELEIQUALLE UND KOMPASSQUALLE

DIE GIFTE DER KEGELSCHNECKEN SIND NERVENGIFTE, EINIGE ARTEN KÖNNEN SOGAR TÖDLICH SEIN.

ES GIBT EIN ARZNEIMITTEL AUF DEM MARKT, DAS AUF DAS GIFT DER KEGELSCHNECKE ZURÜCKGEHT. ES HEISST PRIALT® UND DIENT DER BEHANDLUNG CHRONISCHER SCHMERZEN

IN FÄLLEN EINER QUALLENINVASION werden in Australien (und auch anderswo) die Badestrände gesperrt. Zum Schutz vor den Quallen spannt man auch in einiger Entfernung ein Netz (›stinger net‹), welches das Eindringen der Quallen verhindern soll. Was aber nicht immer sicher ist. Erstens gibt es oft sehr kleine Quallen, die ohne Weiteres durch die Netzmaschen schlüpfen können. Und zweitens, wie vorher schon erwähnt, schwimmen auch abgetrennte Tentakel alleine im Wasser herum, für die auch das engmaschigste Netz kein Hindernis darstellt.

DIE WÜRFELQUALLE wurde erst im Jahr 1956 entdeckt. Inzwischen weiß man von ihr mehr als von allen anderen Quallen. Sie ist ein aktiver Räuber, der kleine Fische und Krebse jagt. Wie alle Quallen bewegt sie sich nach dem Rückstoßprinzip fort. Der Schirm kann sich dabei in einer Sekunde mehrmals zusammenziehen. Normalerweise lässt sich die Qualle von der Strömung tragen. Auf diese Weise können Würfelquallen am Tag bis zu 24 Kilometer zurücklegen und dabei schon mal 9 Stundenkilometer erreichen. So schnell kann ein Würfel sein!

ZU DEN NESSELTIEREN wie den Quallen gehören übrigens auch noch die Seeanemonen, in deren Kolonien sich so gerne Clownfische aufhalten, die durch den Hollywoodfilm »Findet Nemo« zu größerer Bekanntheit gelangten. Und denen die Berührung der Seeanemone gar nichts ausmacht, obwohl sich der Mensch an den Tentakeln von Seeanemonen durchaus verbrennen kann. Allerdings ist die Wirkung weniger gefährlich.

Doch wie stellt es Nemo an, dass er nicht wie andere Fische von der Seeanemone genesselt wird? Er hat sich einen dünnen Schleimüberzug zugelegt, der der Seeanemone offensichtlich vorgaukelt, es seien ihre eigenen Tentakel, die sie ja bei Berührung ebenfalls nicht nesselt. Klein, aber oho, dieser Nemo!

HÜBSCH, ABER AUCH SCHÖN GEFÄHRLICH: DIE KEGELSCHNECKE. Bleiben wir noch bei den gefährlichen Tieren unter Wasser. Ziemlich an oberster Stelle steht da die Bewohnerin flacher Gewässer des Indopazifiks, die Kegelschnecke. Genauso wie die Qualle, die ja wenige Möglichkeiten besitzt, einen potenziellen Beutefisch zu verfolgen, ist auch die Kegelschnecke ein sehr langsames Tier. Also muss ihr Gift extrem schnell wirken, damit sie die Beute ohne Probleme verzehren kann. Das Gefährliche auch für uns Menschen ist natürlich ihr Gift. Diese Kegelschnecken haben in der Regel eine wunderschöne Zeichnung auf ihrem Gehäuse, was sie zu begehrten Sammelstücken macht. Insgesamt gibt es über 700 Arten von ihnen, von denen aber nur wenige uns Menschen gefährlich werden können. Die Kegelschnecke frisst Fische, Würmer oder andere Schnecken. Um mit ihrer Beute fertig zu werden, besitzt sie einen Apparat, mit dem sie einen Giftpfeil abschießen kann. Dieser Pfeil steckt in einer Art Rüssel, der kurz vor dem Abschuss ausgefahren wird und der Beute vortäuscht, ein Wurm zu sein. Durch ihn hindurch wird dann der vorher mit Gift aufgeladene Pfeil gejagt. Der bleibt dank seiner Widerhaken wie eine Harpune in der Beute stecken. Ein Fisch überlebt nur wenige Sekunden. Ein Mensch, der gestochen wird, kann in wenigen Stunden sterben.

UND DAS PASSIERT nach dem Treffer von einer besonders gefährlichen Art. Sie trägt den Namen Conus geographus und kann eine Gehäuselänge von 10 bis 15 Zentimetern erreichen. Auf sie gehen die meisten Todesfälle zurück. Oft ist dies darauf zurückzuführen, dass jemand ein solch wunderschön gezeichnetes Exemplar entdeckt und es sich auf die Hand setzt, weil er denkt, das Gehäuse sei leer. Die Schnecke kann sich aber bis tief ins Innere zurückziehen, sodass man meint, da sei keine Schnecke mehr drin. Und wenn man es sich dann auf die Hand, auf den Arm setzt, geschieht es eben, dass sie wieder hervorkommt und zusticht. Nach einem Stich dieser gefährlichsten aller Arten kommt es zu einer Nerven- und Muskellähmung, der Mensch kann seine Bewegungen nicht mehr koordinieren, er hat Schluckbeschwerden und Atemnot. In der Regel stirbt er letztlich an der Lähmung der Atemmuskulatur.

Das sollte einem doch Respekt einflößen, oder? Also, auch wenn sie so schön sind, lieber nicht aus dem Wasser nehmen. Eher noch die Exemplare, die man, wenn auch selten, im Mittelmeer findet. Diese Art ist für uns ungefährlich.

DAS GIFT DER OFT FAUSTGROSSEN KEGELSCHNECKE besteht aus über 200 verschiedenen Wirkstoffen. Man hat herausgefunden, dass eine der Komponenten den Informationsfluss zum Beispiel der Schmerzsignale im Nervensystem blockiert, was wiederum dazu führte, dass mit diesem Wirkstoff ein Schmerzmittel entwickelt wurde, das nicht zu einer Abhängigkeit führt und das vor allem keine Nebenwirkungen hat.

Bevor ich zum nächsten Gifttier komme, soll mindestens kurz erwähnt werden, was da noch so kreucht und fleucht. Tauchen wir ein bisschen weiter.

Wir treffen zum Beispiel auf den Feuerwurm mit seinen Stacheln. Im Englischen heißt er viel plakativer ›bearded fireworm‹, ›bärtiger Feuerwurm‹. Berührt man seine Borsten, brennt das recht heftig. Allerdings ist er nicht giftig, sondern seine Stacheln wirken etwa so, wie wenn man in Glaswolle greift und sich die abgebrochenen Glasfasern in die Haut bohren und stecken bleiben, eine sogenannte Fremdkörperreaktion. Oder wir treten auf einen Seeigel, der schon bei vielen Badenden schmerzhafte Wunden hinterlassen hat, da die Stacheln leicht abbrechen und in der Haut stecken bleiben. Doch nur wenige besitzen ein Gift, das sie dann mit kleinen, pieksenden Greifzangen anbringen. Oder wir treffen auf Seewalzen und Seesterne. Sie tragen in sich Gifte, die bei Berührung mal mehr, mal weniger starke Wirkung bei uns Menschen haben können. Vielleicht sind das keine wichtigen Gifttiere, aber immerhin haben sie einen gewissen Bekanntheitsgrad und sollten deswegen vorgestellt werden.

SCHEU, SCHÖN, SCHMERZ … UND SCHLUSS: DER BLAURINGKRAKE. Viel interessanter und damit auch gefährlicher für uns ist aber wieder ein anderes Tier, das ebenso wie die Kegelschnecke erst einmal durch seine Schönheit auffällt. Gemeint ist der Blauringkrake, auch genannt der Blaugeringelte Octopus, der in den Gewässern der Südsee lebt. Sieht man ihn, möchte man am liebsten sagen: »Ach, ist der aber niedlich!« Es ist ein kleiner Krake, dessen Kopf so groß wie der menschliche Daumen ist. Die größere Art wird an die 20 Zentimeter groß.

Wie der Name schon sagt, trägt er manchmal blaue Ringe auf dem Körper. Aber nicht nur. Dieses kleine Tier ist ein Meister in der Farbveränderung, im Sich Anpassen an die Umgebung. Sieht man dennoch solch ein Tier, sollte man wirklich die Hand davon lassen. Sie sind nicht aggressiv, ja eher sogar scheu. Nur, man weiß ja nie! Normalerweise leben sie in Höhlen oder Spalten. Aber wenn die Ebbe einsetzt, dann bleiben oft einige von ihnen in den Gezeitentümpeln zurück. Und weil sie so klein sind, verstecken sie sich gelegentlich auch in Muschelschalen, weggeworfenen Getränkedosen oder in anderem Strandgut. Dort können sie Menschen gefährlich werden, wenn diese im knöcheltiefen Wasser umherstreifen und die Dinge aufnehmen. Und dass sie gefährlich sind, kündigen sie an. Normalerweise haben sie eine braun-graugelbliche Farbe. Nur wenn sie erregt sind, sich bedroht fühlen, dann erscheinen die blauen Ringe, die über den ganzen Körper wandern. Und das ist der Zeitpunkt, an dem man sich schleunigst zurückziehen sollte.

DER BLAUE SEESTERN KANN BIS ZU 35 ZENTIMETER GROSS WERDEN.

FUGU – EINE GIFTIGE DELIKATESSE

DER GIFTZANGEN-SEEIGEL IST VON STACHELN ÜBERZOGEN.

SEEWALZEN SIND EHER HARMLOSE TIERE.

DER DIADEMSEEIGEL IST IN ALLEN WELTMEEREN ZU HAUSE.

DER BLAURINGKRAKE ZEIGT BEI ERREGUNG SEINE BLAUEN RINGE.

DIE BORSTEN DES FEUERWURMS SIND GIFTIG – ABER AUCH SEIN BISS IST ES.

PETERMÄNNCHEN – HÄLT SICH GERN IN STRANDNÄHE AUF

DAS PETERMÄNNCHEN HEISST SO, WEIL FRÜHER HOLLÄNDISCHE FISCHER EINEN TEIL DER ERBEUTETEN TIERE ALS GABE AN IHREN SCHUTZHEILIGEN ST. PETER WIEDER INS MEER ZURÜCKGEWORFEN HABEN

DER STEINFISCH HAT 18 GIFTIGE STACHELN.

UND SCHON GAR NICHT ANFASSEN, wie es ein Mann einst getan hat. Er setzte sich einen gefundenen Blauringkraken auf die Hand, um ihn seinen Freunden zu zeigen. Der Oktopus biss kurz zu, 10 Minuten später wurde dem Mann schwindlig, er bekam Atem- und Schluckbeschwerden, wurde bewusstlos – und 90 Minuten später starb er an Atemstillstand. Ein spezifisches rettendes Gegenmittel für den gebissenen Menschen gibt es nicht. »Danger – Blue Ring Octopus« warnen deshalb auch viele Schilder an den entsprechenden Stränden. Und wie beißt so ein Krake? Ja, beißt. Der Krake ernährt sich hauptsächlich von Krebstieren, die er mit seinen Armen packt und blitzschnell zu seinem Schnabel führt. Dieser ähnelt einem Papageienschnabel, nur kleiner natürlich. Das Gift des Blauringkraken ist in seinen Speicheldrüsen enthalten. Und so gelangt das Gift ganz einfach zusammen mit dem Speichel in die Wunde des Opfers. Die Bisswunde ist nach allen Berichten, die man kennt, winzig und kaum erkennbar.

DAS OVERKILL-SYSTEM. Aber wieso hat ein derart kleiner Krake ein so enorm wirksames Gift? Genau wie bei vielen giftigen Tieren muss es eben mit der Beute schnell zu Ende gehen. Sie machen einen Overkill, das heißt, sie geben ›viel zu viel‹ Gift, das wirkt dann eben ›todsicher‹! Darum zielen die Gifte in der Regel auch immer auf die Blockierung des Nervensystems. Für den Giftproduzenten ist nichts gewonnen, wenn er mit seinem Gift die Beute nicht sofort umbringt, sondern ihr noch hinterherlaufen oder -schwimmen muss. Einer Schlange nützt es nichts, wenn die Maus erst fünf Stunden später stirbt. Sie soll sehr schnell sterben, damit sie nicht wegläuft und die Schlange sie noch erreichen und verzehren kann. Eine Kegelschnecke wäre viel zu langsam, um einer vielleicht nur halb gelähmten Beute hinterherzukriechen. Ein nur teilweise gelähmter Fisch wäre immer noch in der Lage, das filigrane Gewebe der Qualle zu zerreißen. Das Gift muss sofort und auf der Stelle tödlich wirken!
Womit wir bei den Fischen angelangt wären. Und das Thema hier heißt:

GIFTIGE FISCHE UND FISCHVERGIFTUNGEN. Dabei denken Sie bitte nicht an Fische mit Giftzähnen wie etwa bei Schlangen. Nein, bei Fischen und Gift, da geht es einerseits um gifthaltige Stacheln der Fische oder anderseits um Fische, die in sich ein Gift tragen, das sich erst bei ihrem Verzehr auswirkt. Zu den ersteren gehören zum Beispiel das Petermännchen und der Steinfisch.
DER FISCH MIT DEM NETTEN NAMEN PETERMÄNNCHEN lebt in der Nordsee, im Atlantik und im Mittelmeer, wird immerhin bis zu 50 Zentimeter lang und sieht aus wie ein Fisch, der ständig nach oben schaut. Und dieses Petermännchen hat ziemlich kräftige Rückenstacheln, die es bei Gefahr aufrichtet. Auch wenn der Name so niedlich klingt, dieser Fisch greift bei vermeintlicher Bedrohung schon mal an. Und seine Stacheln sind immer gefährlich – auch wenn er schon tot ist, kann man sich vergiften. Vor allem deswegen, weil Petermännchen sich meist im seichten Wasser aufhalten. Und, besonders gemein für uns, sie graben sich noch in den Sand ein, sodass man sie kaum erkennen kann. Mit nacktem Fuß beim Strandwandern, das kann zu unangenehmen Begegnungen führen. Das Gift des Petermännchens, das giftigste Exemplar hat den bezeichnenden lateinischen Namen Echiichthys vipera, löst nach einem Stich heftige Schmerzen aus. Es bilden sich Ödeme, die teilweise tagelang anhalten, aber nicht lebensbedrohend sind! Ähnlich ist der Fall beim im Indopazifik lebenden Steinfisch gelagert. Sieht man sich diesen Fisch an, weiß man sofort, warum er Steinfisch heißt. Dieses Tier ist ein schwimmender Stein, zumindest äußerlich. Hollywood-Filmemacher hätten ihn nicht interessanter oder gruseliger bauen können.

DER SKORPIONSFISCH IST BESTANDTEIL DER BOUILLABAISSE.

STEINFISCHE WERDEN ZWISCHEN 20 UND 50 ZENTIMETER GROSS UND KÖNNEN BEUTE BIS ZU IHRER EIGENEN GRÖSSE VERSCHLINGEN

Wahrscheinlich wird es irgendwann einmal einen Film mit ihnen geben mit dem Titel »Horrorfische greifen an« oder so ähnlich. Der Steinfisch hat etwas von einem Fossil, was er natürlich nicht ist. Auch bei ihm, wie beim Petermännchen, ist der Mund hochgezogen, die Augen, man erkennt sie vor lauter Stein kaum, stehen eng beieinander. Ja, und dann dieser knorzige Körper, der auch noch mit Algen bewachsen ist. Kein Wunder, dass er kein besonders guter Schwimmer ist. Und der Steinfisch ist nicht etwa schrecklich schwarz oder grau, sondern er ist schön bunt!

ABER REDEN WIR EINMAL ÜBER SEINE WAFFEN. Erneut ein Gruß an Hollywood! Kurze Story: In einem Versuchslabor fällt einem Praktikanten eine spezielle Flüssigkeit in das Aquarium, in dem Steinfische untersucht werden. Die Steinfische werden immer aggressiver und haben plötzlich die Fähigkeit, ihre Stacheln meterlang auszufahren, um die Menschen damit zu stechen. Der erste Praktikant stirbt, der zweite, die Laborleiterin, die verliebt ist in den genialen Biologen, sieht, wie sich bei ihrem ersten Kuss ein Stachel aus dem Aquarium auf sie zu bewegt. Plötzlich … ach, was soll ich mir die Gedanken der Drehbuchautoren machen. Ich wollte ja von den Steinfischwaffen berichten, die in seinem Fischleben nur der Selbstverteidigung dienen. Allein in seiner Rückenflosse hat er 13 Stacheln, dann 3 in der hinteren Flosse und 2 in den Bauchflossen. Und alle diese 18 Stacheln sind giftig. Und genau so angeordnet, dass man direkt auf sie trifft, wenn man auf einen Steinfisch tritt! Tun Sie dieses, passiert Folgendes: Der Stachel wird tief in den Fuß gestoßen, wodurch zwei am Stachel liegende Giftdrüsen ausgequetscht werden. So gelangt das Gift durch den Stachel in den Menschenfuß. Oder in die Hand, wenn ihn etwa jemand für einen Stein oder eine Koralle gehalten hat. Eine relativ einfache Methode, ein Gift anzubringen. Und dann? Dann haben Sie Probleme! Die Verletzungen sind sehr schmerzhaft, doch sind Todesfälle nicht belegt.

DAS FÜHLT SICH AN WIE EINE FACKEL, die man an die Haut hält. Es brennt und brennt. Diesen Ausdruck, ›brennender Schmerz‹, hört man ja oft von Leuten, die eine Vergiftung durchgemacht haben. Und wenn Sie schon mal von einer Wespe, Biene oder Hornisse gestochen wurden, dann werden auch Sie sich vielleicht erinnern, dass Sie im Moment des Stiches einen brennenden Schmerz gespürt haben.

Bei einer Steinfischvergiftung kann sich dies potenzieren. Der Schmerz muss unglaublich quälend sein und kann bis zur Bewusstlosigkeit führen. Das teuflische oder – je nachdem – praktische an dem Gift des Steinfisches ist, dass es eine Komponente beinhaltet, welche die Zwischenräume der Zellen erweitert, was die Verbreitung des Giftes im Körper noch beschleunigt. Es schmerzt einfach ›sofortissimo‹! Und dieser Schmerz kann Stunden, ja sogar Tage andauern. An den Stichstellen bilden sich Ödeme und Hautblasen. Ob manche Folgen wie Übelkeit, Erbrechen, Durchfall, Pulsrasen oder Herzklopfen direkte Folgen des Giftes oder des enormen Schmerzes sind, ist nicht sicher.

Ja, es gibt noch viele schön anzuschauende, spannende Fische im Meer, die uns so gar nicht gut tun, wenn wir mit ihnen in Berührung kommen. Da gibt es den Skorpionsfisch, der genauso fossilienhaft aussieht wie der Steinfisch und der auch wie dieser giftige Stacheln aufweist. Die aber entfernt werden, wenn der Fisch auf den Markt kommen soll, denn er gehört in die Bouillabaisse der Franzosen. Oder man findet den Rotfeuerfisch, so farbenprächtig wie giftig, was seine stacheligen Flossen betrifft, auf die schon Bösewicht Stromberg alias Curd Jürgens seinen Gegenspieler James Bond alias Roger Moore in »Der Spion, der mich liebte« hinwies. Oder den, ich finde den Namen einfach zu schön, Tüpfel-Kaninchenfisch, der auch Stacheln mit Giftdrüsen trägt.

DER STACHELSCHWEINFISCH KANN SICH BEI BEDROHUNG GEWALTIG AUFPUMPEN

EIN KILLER ALS DELIKATESSE. Ich möchte Ihnen aber noch einen Fisch vorstellen, dem Sie vielleicht schon in einem japanischen Restaurant begegnet sind und der gar keine Stacheln hat: den Kugelfisch. Japaner lieben rohen Fisch. Und so servieren sie eben auch das Muskelfleisch des Kugelfisches, und das ist nun ziemlich giftig. In ihm findet sich eines der wirksamsten Gifte der Meereswelt. Und deswegen dürfen diesen Killerfisch nur ganz speziell ausgebildete Köche zubereiten. Denn die Japaner lieben diese Delikatesse, Fugu genannt. Dies ist ein teurer Spaß. Denn ein Essen kann bis zu 150 Euro kosten. Dennoch gibt es allein in Tokio schon circa 3000 Fugu-Restaurants. Eines davon heißt übrigens ›Zum reinen Fisch‹!

VOR 50 JAHREN STARBEN IN JAPAN noch etwa 100 Menschen pro Jahr nach einem Fugu-Essen. Heutzutage sind es nur noch etwa 3 Opfer pro Jahr. Weil damals Fugu-Gerichte zu Hause, etwa von der Ehefrau, zubereitet wurden. Früher mussten Kochaspiranten ihr zubereitetes Fugu-Essen vor den Augen der Prüfungskommission selbst essen. Für manchen war dann die Prüfung schnell zu Ende! Starb in alten Zeiten ein Gast nach dem Fugu-Essen, gab es für den Koch die Todesstrafe! Übrigens braucht heute nicht nur der Koch, sondern auch der Verkäufer von Kugelfischen eine besondere Lizenz.

DIE RICHTIGE ZUBEREITUNG ist das Entscheidende. Das war aber nicht der Fall bei Mitsugoro Bando, einem berühmten japanischen Kabuki-Schauspieler, der 1965 von der Regierung zum »lebenden Nationalschatz« erklärt wurde. In einem Restaurant ließ er für sich und seine Gäste Fugu zubereiten. Da seine Gäste nicht erschienen waren, aß er alles selbst. Er verlor das japanische Roulette. Kurze Zeit später war er tot. Kugelfischkörper enthalten überall Gift, besonders aber in der Leber und in den Eierstöcken. Der Koch darf den Fisch nicht so anschneiden, dass Gift in die essbaren Fleischteile austritt. Er muss die inneren Organe sorgfältig entfernen und sehr vorsichtig arbeiten. Etwa zehn Minuten dauert solch eine Zubereitung des Fisches. Nach Angaben von Fugu-Essern gibt es beim Essen ein leichtes Prickeln und ein Taubheitsgefühl im Mund. Was aber durchaus beabsichtigt ist. Das Gift des Kugelfisches, das im Meer offensichtlich von Bakterien gebildet wird, die er mit der Nahrung aufnimmt (warum andere Fische, die zusammen mit den Kugelfischen in demselben Lebensraum schwimmen, dieses Gift nicht enthalten, weiß man nicht), ist tausendmal wirksamer als Zyankali. Ein Gegenmittel existiert nicht. Etwa ein Milligramm des Giftes ist für den Menschen tödlich. Mit dem Gift eines Fisches könnte man 30 Menschen töten! Bei einer Vergiftung hat man nur eine Überlebenschance, wenn schnell ärztliche Hilfe geleistet wird. Deshalb ist der Lieblingsplatz in einem Fugu-Restaurant der Tisch neben dem Telefon am Eingang. Dort muss auf amtliche Anordnung die Telefonnummer eines Arztes hängen. 1774 hatte der Weltumsegler James Cook Glück. Zu seinen Begleitern gehörte der Chronist Johann Reinhold Forster, von dem wir von folgender Begebenheit aus Neukaledonien wissen:

MAPPA-KUGELFISCH MIT EINEM PUTZER-LIPPFISCH

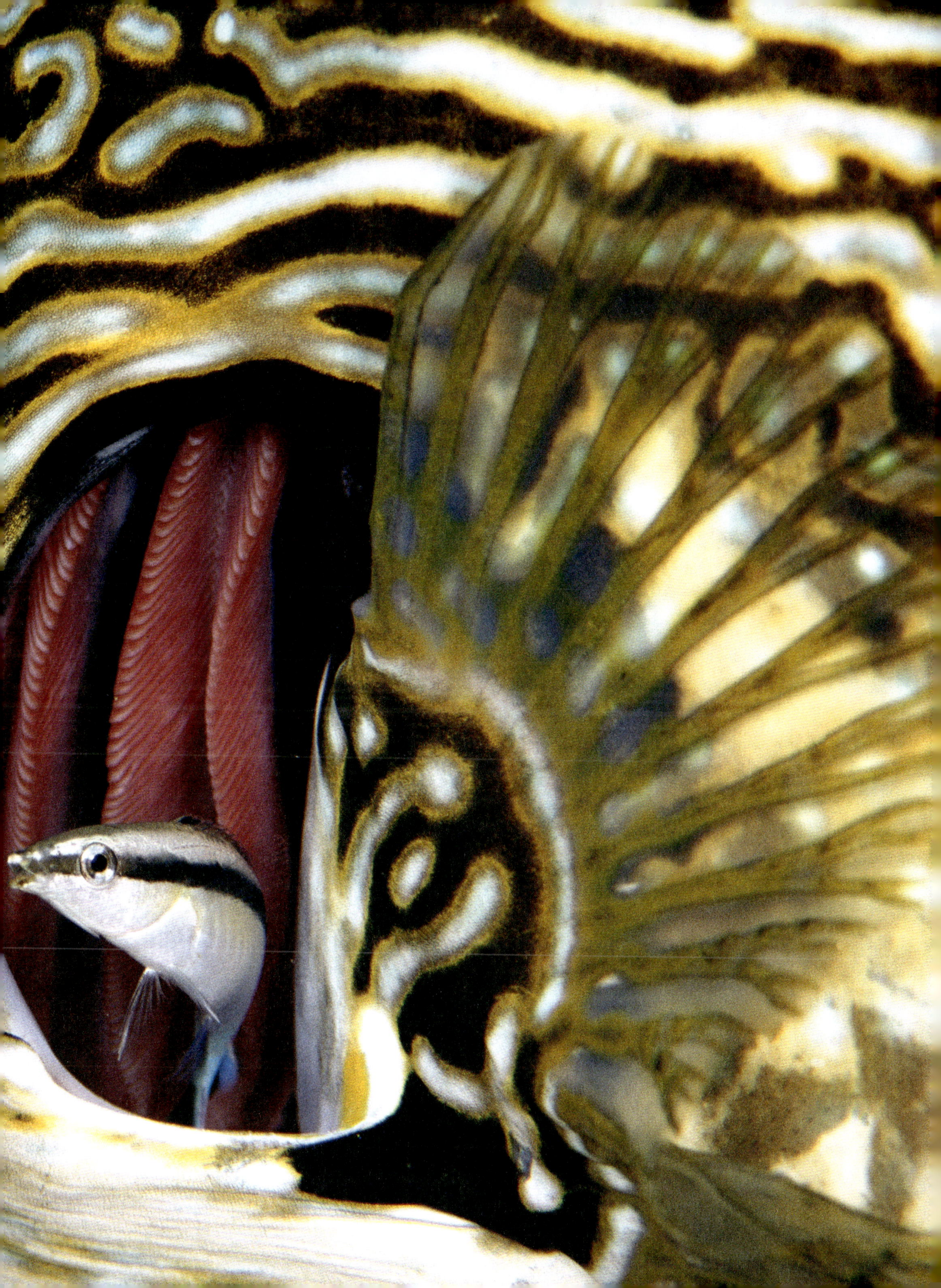

DIE EINZIGE SPEISE, DIE DER JAPANISCHE KAISER NICHT ESSEN DARF, IST FUGU

KUGELFISCHE AUF EINEM FISCHMARKT

»Wir saßen noch beym Abendessen, da uns der Bediente die Leber des Fisches, welche der Koch eben herausgenommen hatte, vorzeigte. Ihr äusserliches gutes Aussehen verleitete uns, sie sogleich braten zu lassen, und ich aß davon ein Stück von der Größe eines Conventionsthalers: Capitain Cook und mein Sohn kosteten blos davon, und nahmen also jeder kaum halb so viel zu sich. Der Geschmack war nicht übel, und wir versprachen uns von dem Fisch selbst eine gute Mahlzeit auf den folgenden Mittag. Allein gegen drey Uhr des Morgens erwachte ich mit einer Beklommenheit, die einer Überladung des Magens ähnlich war. Ich richtete mich im Bette auf, und bemerkte, daß mir der Kopf eingenommen war. Ich wollte einen Stuhl, der vor meinem Bette stand, aus dem Wege räumen, und es kam mir vor, als wäre er ganz leicht wie eine Feder … Ich versuchte zu gehen, allein ich taumelte von einer Seite der Kajüte zur andern. Im Magen fühlte ich eine Schwere und ein Brennen, welches den ganzen Schlund hinauf reichte, gerade als wäre die Stelle geschunden … Ich weckte Hrn. Dr. Sparrmann und besprach mich mit ihm über diesen Zufall. Der Capitain, dessen Zimmer von dem unsrigen nur durch eine hölzerne Wand abgesondert war, hörte uns sprechen, versuchte aufzustehen, und verspürte an sich die nämlichen Symptome; hierauf weckte ich meinen Sohn, der sich um nichts besser befand … Der Schwindel, und die Betäubung an Händen und Füßen, ein beständiges kaltes Schaudern, und einige Schmerzen, blieben indessen noch bis auf den zehenten Tag zurück. Ein Hund, der das übrige von der gebratenen Leber bekommen hatte, und ein Schwein, dem das Eingeweide des Fisches war vorgeworfen worden, wurden beide krank, und das letztere starb am nächsten Tage.«[17]

FORSTERS SOHN SCHREIBT SPÄTER selbst, dass die Eingeborenen durchaus von der Gefährlichkeit des Fisches wussten: »Sobald sie des Fisches ansichtig wurden, der unter dem Verdecke hing, gaben sie durch Zeichen zu verstehen, daß er Schmerzen im Magen hervorbringe; auch legten sie den Kopf mit geschloßnen Augen in die Hand, um anzudeuten, daß er Schlaf, Betäubung und endlich gar den Tod verursache.«[18]

DA HATTE MAN IHNEN EINEN KUGELFISCH bzw. dessen Leber serviert. Aber sie waren noch einmal davongekommen. Wie das Bild auf Seite 104 zeigt, können die Kugelfische sich mit Wasser zu einer regelrechten Kugel aufpumpen. Das macht er natürlich nicht aus Spaß, sondern wenn er sich bedroht fühlt. Mit der plötzlich aufgetretenen Volumenvergrößerung beeindruckt und verjagt er potenzielle Angreifer. Und aufgeblasen dient er in Japan als Erkennungszeichen für Fugu-Restaurants. Aber nicht nur die kugelige Größe schreckt die Angreifer ab. Gleichzeitig mit dem Aufpumpen scheidet der Kugelfisch sein Gift über die Haut aus. Das kann der Feind riechen, er denkt: »Äh, der stinkt mir!«, und er dreht ab.

WIE SCHON ERWÄHNT, beim Essen eines Fugu-Gerichtes spürt man ein leichtes Prickeln im Mund. Dehnt sich dieses Gefühl aus bis über den ganzen Körper, kommen Schwächegefühl, Benommenheit und Gleichgewichtsprobleme, ferner Lähmungen hinzu, dann sind das wirklich beunruhigende Anzeichen einer Vergiftung. Der Tod tritt als Folge der Lähmung der Atemmuskulatur ein. Das hat sich inzwischen auch bei Krimiautoren herumgesprochen, die ja immer auf der Suche nach Mordmethoden sind. So wird etwa in dem Kriminalroman »Eistod« von Michael Theurillat das Opfer mit Tetrodotoxin, dem Gift der Kugelfische und übrigens auch der Blauringkraken, vergiftet.

KUGELFISCHE KOMMEN in allen tropischen Gewässern vor und … sie haben keine Schuppen. Im strengen Judentum gibt es die Vorschrift, nur Fische mit Schuppen zu essen. So konnten Vergiftungen wie die durch einen – nicht koscheren – Kugelfisch (oder auch Igelfisch) vermieden werden: »Doch alles von allem Gewimmel und allen Lebewesen

FUGU-RESTAURANT IN TOKIO

des Wassers, was in Meeren und Flüssen keine Flossen und Schuppen hat, gelte euch als Greuel! Ein Greuel seien sie für euch! Von ihrem Fleisch dürft ihr nicht essen und ihr Aas müßt ihr verabscheuen! Alles, was im Wasser lebt und keine Flossen und Schuppen hat, sei für euch ein Greuel.« (3. Mose 11,9) Ja, es gäbe noch vieles über die toxische Tierwelt unter Wasser zu erzählen. Viele Arten sind unerwähnt geblieben: die Schwämme zum Beispiel, die Rochen, die Welse, die Muscheln. Weil ich aber bei den Landtieren mit den Schlangen begonnen habe, möchte ich auch mit ihnen unsere ›animal show‹ beenden.

PLATTSCHWÄNZIGE LUNGENATMER. Es ist immer wieder faszinierend, Bilder zu sehen, bei denen Taucher um eine Seeschlange herumschwimmen, ja sie sogar in die Hand nehmen oder sie sich um den Arm wickeln. Diese Seeschlangen sind absolut gutmütig und friedlich. Dennoch: Vorsicht ist immer geboten. Wie ich auch bei den Landschlangen schon sagte, man weiß nie, ob sie die Bücher gelesen haben, in denen ihnen Sanftmut bescheinigt wird. Vorsicht deswegen, weil alle, aber auch alle (etwa 50 Arten gibt es, sie kommen ausschließlich im Indopazifik vor) Seeschlangen giftig sind. Aggressiv sind sie, wie gesagt, selten. Vergiftungen kommen meist nur in Ausnahmesituationen vor. Etwa wenn Fischer mit ihren Netzen auch mal eine Seeschlange hochziehen, diese nicht sofort erkennen und dann beim Fischesortieren von ihnen gebissen werden.
Zum Atmen müssen Seeschlangen an die Wasseroberfläche, denn sie sind Lungenatmer, können aber ohne Probleme bis zu zwei Stunden unter Wasser bleiben, ohne zu atmen. Sie leben immer im Meer. Manche Arten aber gehen an Land, um dort ihre Eier abzulegen. Seeschlangen ernähren sich von Krebsen, Tintenfischen oder Fischen, die sie mit ihrem Gift, das dem der Kobra ähnelt, töten. Sie selbst werden im Wasser von Haien gejagt oder, wenn sie zur Eiablage an Land gehen, von Raubvögeln. Genauso wie die Landschlangen häuten sich auch Seeschlangen. Da ihre Körper oft von Algen bewachsen sind, ist dies schon deswegen notwendig.
TYPISCHES MERKMAL DER SEESCHLANGEN ist der abgeflachte Schwanz, der wie ein Ruder bzw. wie ein Paddel benutzt wird. Damit haben sie sich wunderbar dem Leben im Meer angepasst und können sich perfekt durchs Wasser schlängeln. Manche Arten lassen sich aber auch einfach von der Strömung ohne große Schwimmbewegungen tragen. Und die Seeschlangen haben noch eine Besonderheit: Sie besitzen unter der Zunge eine Salzdrüse, mit der sie das im Meerwasser aufgenommene Salz wieder ausscheiden. Diese Eigenschaft macht es ihnen erst möglich, permanent im Meer zu leben.

TOP TEN DER FINGER-WEG-TIERE. Hier meine persönlichen Top Ten, wobei die (alphabetische) Reihenfolge nichts über ihre Giftigkeit aussagt. Und ausnahmsweise jetzt auch mit lateinischen Namen:
› der Blauringkrake (Hapalochlaena lunulata)
› der Dickschwanzskorpion (Androctonus australis)
› die Kegelschnecke (Conus geographus)
› der Kugelfisch (Fugu rubripes)
› die Mamba (Dendroaspis polylepis)
› die Portugiesische Galeere (Physalia physalis)
› der Steinfisch (Synancea verrucosa)
› der Taipan (Oxyuranus scutellatus)
› die Trichternetzspinne (Atrax robustus)
› die Würfelqualle (Chironex fleckeri)
Fachleute mögen milde lächeln, eine andere Hitliste erstellen und mir bitte zuschicken.

DER NATTERN-PLATTSCHWANZ IST NACHTAKTIV UND WENIG AGGRESSIV – ABER SEHR GIFTIG.

GIFT IN VASEN, TÖPFEN UND IM GARTEN

EFEU

EFEU KANN BIS ZU 500 JAHRE ALT WERDEN

Ist dein Lehnsherr dir verhasst, gib ihm einfach Seidelbast!
(Spruch aus dem Mittelalter)

SCHIER UNENDLICH erscheint die Liste der Namen von Pflanzen, die Gift enthalten. In Mitteleuropa sind es etwa 50 Pflanzenfamilien mit giftigen Inhaltsstoffen. Ihre Giftigkeit kannte man schon in alten Zeiten, und man wusste schon: Giftpflanzen sind auch Heilpflanzen. Denn wie wir ja wissen, kommt es auf die Dosis an! Seit Kurzem nutzt man bei den Tiergiften auch ihren heilenden Charakter. Bei giftigen Heilpflanzen bzw. heilenden Giftpflanzen macht man das schon länger. So waren etwa die Menschen im alten Ägypten große Kenner von Giften überhaupt, speziell aber der pflanzlichen. Der berühmteste Papyrus war eine Abhandlung über Medizin. Der»Papyrus Ebers«, der nach seinem Käufer für das Leipziger Museum benannt ist und der in der Universitätsbibliothek Leipzig aufbewahrt wird, ist 20 Meter lang und wurde 1500 Jahre vor Christi Geburt aufgeschrieben. Auch schon in diesem Papyrus geht es um die Dosis, die den Unterschied zwischen Gift- und Heilpflanze ausmacht.
Im Mittelalter waren es die Frauen, die sich mit der heilenden Wirkung von Kräutern am besten auskannten. Aber auch mit den schädlichen Wirkungen! So wurden sie oft als Hexen und bösartige Kräutler verteufelt, wenn einmal eine Salbe aus verschiedenen Pflanzen nicht wirkte. Aber diese ›Hexensalben‹ waren nicht ohne. 1954 beschrieb einmal Siegbert Ferckel, wie er selbst aus alten Angaben eine solche Hexensalbe herstellte, deren Zusammensetzung man nicht kennt, aber Tollkirsche und Bilsenkraut waren gewiss dabei. Und damit rieb er sich die Brust ein:
»Es vergingen keine fünf Minuten, bis mein Herz wie rasend zu schlagen anfing und mich ein starkes Schwindelgefühl überkam … mein Gesicht war vollkommen entstellt; die Pupillen fast so groß wie die ganzen Augen, die Lippen bläulich und dick geschwollen und das ganze Gesicht kreideweiß … Plötzlich begannen die Wände und die Zimmerdecke sich wellenförmig zu bewegen und mit lautem Knall zusammenzuschlagen … Aus dem Dunkel strebten mir Gesichter zu …Langsam wurde es vollkommen dunkel um mich, und ich schwebte mit großer Geschwindigkeit aufwärts. Es wurde wieder hell, und durch einen rosa Schleier erkannte ich verschwommen, dass ich über der Stadt schwebte. Die Gestalten, die mich schon im Zimmer bedrückt hatten, begleiteten mich auch auf diesem Flug durch die Wolken …«[19]

GIFTPFLANZEN SIND EIN TEIL UNSERER UMWELT. Sie gehören einfach dazu wie auch Gifttiere. Die Klassifizierung ihrer Gefährlichkeit ist allerdings schwierig. Da es doch viele verschiedene Variablen gibt wie die Bodenbeschaffenheit, die Jahreszeit, den Reifegrad der Pflanze usw. Nicht alle Pflanzenteile sind toxisch, meist sind die Früchte besonders giftig, andere kann man problemlos essen.

GIFT WOFÜR? Bei den Tieren ist es leichter verständlich, dass sie giftig sind. Sie brauchen es, um sich zu verteidigen oder um ihre Beute zu erlegen. Das Gift muss schnell wirken, damit diese nicht mehr entkommen kann. Aber Pflanzen? Wen jagen denn Pflanzen? Natürlich niemanden, und was nützt ihnen dann eigentlich ihr Gift? Analog zu manchen Tieren, die wie zum Beispiel der Kugelfisch ihr Gift ausscheiden, um Fressfeinde abzuschrecken, kann man natürlich auch bei den Pflanzen vermuten, dass sie damit ihre Fressfeinde, überwiegend das Heer der Insekten und andere Pflanzenfresser, abhalten wollen. Klingt irgendwie ganz logisch, aber gleich unsere erste Pflanze, die Tollkirsche, zeigt, dass diese Erklärung nicht immer

DIE TOLLKIRSCHE TRÄGT AUCH NOCH FOLGENDE NAMEN: SCHLAFBEERE, TOLLBEERE, WUTBEERE, WOLFSBEERE, TEUFELSBEERE, TINTENBEERE, WOLFSKIRSCHE, WALKERBAUM, JUDENKERNLEIN, RASEWURZ, SCHWINDELKIRSCHE, TEUFELSAUGE, TODESKRAUT UND WALDNACHTSCHATTEN

stichhaltig ist. Vögel zum Beispiel fressen die Früchte der Tollkirsche gerne, haben keine Probleme mit ihnen und tragen mit dem unverdauten Samen zur Verbreitung der Pflanze bei. Für den Menschen ist der Verzehr von Tollkirschen mitunter tödlich.

Nun könnte ich hier einfach eine Liste der mehr oder weniger gefährlichen Giftpflanzen einfügen. Das wäre aber insgesamt gesehen etwas ermüdend und nicht überzeugend. Darum möchte ich ganz unsystematisch, ganz subjektiv einige vorstellen, die besonders giftig, besonders bekannt oder als Giftpflanze eher unbekannt sind. Und noch ein paar mehr, die mir aus den verschiedensten Gründen interessant erscheinen. Die also bei der nach unten offenen ›Wilfert-Skala‹ der Giftpflanzen ziemlich weit oben stehen.

Vorweg ist zu sagen, dass auch hier bei einer Vergiftung Kinder und ältere Menschen besonders gefährdet sind. Kinder natürlich deswegen, weil sie, besonders in den ersten Jahren, einfach alles in den Mund nehmen, was ihnen da so an Beeren, Blättern oder Blüten entgegenwächst. Wenn man sich Vergiftungsfälle bei Kindern anschaut, wundert man sich oft, wieso sie nicht gleich dieses bittere Blatt ausgespuckt haben. Nein, die essen einfach weiter! Darum auch hier die Empfehlung der Notrufzentralen: Versuchen Sie gleich herauszubekommen, welche Pflanze das Kind gegessen hat. Das erleichtert die Therapie! Immerhin sind nach Angaben der Münchner Giftnotrufzentrale von jährlich 10 000 Vergiftungen 350 auf den Verzehr von Pflanzen zurückzuführen.

VIELE DER JETZT AUFGEZEIGTEN GIFTPFLANZEN sind auch psychoaktive Pflanzen, sprich Rauschmittel. In geringem Maße genommen verändern sie das Verhalten, die Psyche des Menschen. Manche erzeugen Halluzinationen, andere wieder euphorische Gefühle. Viele der Giftpflanzen, die ich Ihnen vorstellen möchte, werden zu diesen psychoaktiven Pflanzen gerechnet. Es kommt, um es zu wiederholen, auf die Dosis an.

Der Schritt zu den Rauschgiften ist natürlich nicht groß. Jedoch ist das Thema Rauschgift, ich werde es bei den Pilzen noch einmal erwähnen, zu umfassend, als dass ich hier näher darauf eingehen möchte. Das würde in allen seinen medizinischen, gesellschaftlichen, kriminellen oder ökonomischen Konsequenzen meinen Spaziergang durch die Welt der Gifte sprengen. Um ein Beispiel zu geben: Für die einen ist Cannabis, das zu den Hanfgewächsen gehört, eine nette kleine harmlose Droge, für andere die Hoffnung bei den Schmerzmitteln, für wiederum andere ist das daraus gewonnene Hasch oder Marihuana der garantierte Einstieg in härtere Drogen. Dieses wichtige Thema sollte deswegen von kompetenten Fachleuten behandelt werden.

Also beginne ich mit meinem **G**ift**G**arten**G**ang.

DIE TOLLE KIRSCHE, DIE KEINE IST. Dass Kinder Blätter, Blüten oder Beeren essen, die sie nicht essen sollten, liegt natürlich auch daran, dass diese Pflanzen oft so wunderschön und besonders auffällig sind. Sie duften vielleicht, weisen prächtige Farben auf oder sehen wie andere leckere Früchte aus. Womit wir direkt bei der Tollkirsche (Atropa belladonna) gelandet sind.

Dieses ›belladonna‹ heißt übersetzt ›schöne Frau‹. Was natürlich für eine Giftpflanze eine doch merkwürdige Bezeichnung darstellt, die aber einfach zu erklären ist. Die Säfte dieser Pflanze erweitern die Pupillen, was früher die Damen ausnutzten, um sich augenmäßig gesehen attraktiver zu machen. Und heute arbeiten die Augenärzte damit. Und Atropa? Atropa (oder Atropos) war eine der drei Parzen, eine der drei römischen Schicksalsgöttinnen, in deren Händen das unabwendbare Geschick der Menschen lag, indem sie ihren Lebens-

DIE TOLLKIRSCHE
IN DER BLUMENSPRACHE BEDEUTET:
›DU BIST SCHÖN,
ABER AUCH GEFÄHRLICH‹

DIE TOLLKIRSCHE IST KEINE ECHTE KIRSCHE, SONDERN EIN NACHTSCHATTENGEWÄCHS.

DER STECHAPFEL WIRD AUCH SCHUTTPFLANZE ODER TROMPETENBAUM GENANNT.

IN DER KARIBIK NENNT MAN DIE STECHAPFELPFLANZE AUCH ›ZOMBIE-GURKE‹

faden durchschnitten. Was für eine Verbindung: ›schöne Frau‹ und ›Lebensfaden-Abschneiderin‹! Denn beides stimmt ja. Je nachdem, wie man die Tollkirsche benutzt.

Der Namensteil ›Toll‹ im Deutschen bezieht sich natürlich auf die giftige Wirkung, die zu Halluzinationen führt, in einen Trancezustand übergeht und durch die man einfach berauscht und ›toll‹ wird. Weswegen die Tollkirsche auch zu den psychoaktiven Pflanzen, zu den Rauschdrogen gezählt wird. Das heißt, winzigste Mengen davon sind gleich Rausch, eine Überdosis ist gleich Tod!

Der Namensteil ›Kirsche‹ bezieht sich natürlich auf die Ähnlichkeit der Beeren zu normalen Kirschen. Offiziell gehört sie zu den Nachtschattengewächsen (im Englischen heißt sie ›deadly nightshade‹!). Wohl weil sie auch im Schatten der Wälder wächst. Aber vielleicht auch symbolisch gemeint: Sie verbreitet dunkle Zeiten wie ein Nachtschatten, aber ohne einen neuen Tag!

Die Pflanze Atropa belladonna, die Schwarze Tollkirsche, wird etwa eineinhalb Meter hoch und hat nichts von einem Baum. Eine krautige Pflanze, die in Mitteleuropa sehr verbreitet ist, aber auch in Asien oder Nordafrika vorkommt.

GIFTIG IST AN SICH DIE GANZE PFLANZE, aber hauptsächlich sind es die Beeren. Der Giftstoff ist nach der Pflanze benannt: Atropin. Und dieses Gift ist für Vögel, für Hasen, Rehe und Kaninchen zum Beispiel überhaupt kein Gift. Aber für den Menschen. Man spricht davon, dass die Einnahme von drei bis vier Beeren für Kinder tödlich sein kann; bei Erwachsenen sollen mehr als zehn tödlich wirken. Die Tollkirsche ist eine unserer giftigsten Pflanzen!

Ein zunächst rätselhafter Fall einer Atropin-Intoxikation ereignete sich einmal in Österreich an der unteren Donau. Eine große Anzahl von Menschen hatte sich mit der Tollkirsche vergiftet, ohne sie aber bewusst zu sich genommen zu haben. Erst ein Arzt löste das Rätsel, indem er herausfand, dass alle Patienten Wachteln gegessen und sich so indirekt vergiftet hatten. Für die Wachteln waren die Tollkirschen wohl ein Leckerbissen, den sie gut vertragen hatten![20]

Und was passiert bei einer Vergiftung durch die Tollkirsche? Zu ihren Inhaltsstoffen zählt neben dem Atropin auch das Scopolamin. Zunächst fühlt sich der Mund extrem trocken an, die Pupillen erweitern sich, der Puls beschleunigt sich, man sieht doppelt, es wird einem schwindlig, es kann zu Weinkrämpfen kommen, zu Halluzinationen (eine Scopolamin-Wirkung), die Haut wird fleckig rot, schließlich tritt Bewusstlosigkeit ein. Die Atemlähmung führt zum Tod.

Von dieser Gefahr wusste auch schon Hildegard von Bingen, die in ihren »Physica« über die Tollkirsche schrieb:

»Die Tollkirsche hat Kälte in sich, hält aber dennoch Ekel und Erstarrung in dieser Kälte, und in der Erde, und an dem Ort, wo sie wächst, hat die teuflische Einflüsterung einen gewissen Teil und eine Gemeinschaft ihrer Kunst. Und sie ist für den Menschen gefährlich zu essen und zu trinken, weil sie seinen Geist zerrüttet, wie wenn er tot wäre.«[21]

SCHÖNE BLÜTEN AUF DEM SCHUTTPLATZ. Der bis zu einem Meter hoch wachsende Stechapfel erinnert mit seinen Früchten bisweilen an Kastanien. Seine Samenkapsel wird zunächst grün und stachelig, geht dann ins Braune über und bricht auf. Und wenn Sie dann einmal die kleinen, nierenförmigen Samen in die Hand nehmen und zerreiben, dann wissen Sie, warum der Stechapfel in manchen Gegenden auch Hundsfurz genannt wird. Ansonsten heißt er auch Tollkraut oder Asthmakraut.

DIE STECHAPFELPFLANZE kommt ursprünglich aus Zentralamerika und wurde im 16. Jahrhundert nach Europa gebracht. Es ist eine kräf-

MANCHE LEUTE MEINEN,
DER NAME DES PILSENER
BIERES HABE NICHT MIT
DER STADT PILSEN ZU TUN,
SONDERN HEISSE SO,
WEIL MAN FRÜHER DEM BIER
BILSENKRAUTSAMEN
ZUGESETZT HABE

BILSENKRAUT – SEIT LANGER ZEIT MEDIZIN UND RAUSCHMITTEL

15 SAMENKÖRNER VOM SCHWARZEN BILSENKRAUT KÖNNEN FÜR KINDER TÖDLICH SEIN

tige Pflanze, deren Blüten zwischen Juni und September erscheinen. Es sind besonders schöne, trompetenförmige Blüten, die Farben von Weiß bis Hellviolett aufweisen. Schöne Blüten, die oft in ihrer Umgebung besonders auffallen. Schuttpflanze wird sie auch genannt, weil sie oft auf Schuttplätzen wächst.

Giftig sind alle Pflanzenteile, Atropin und Scopolamin sind ihre giftigen Inhaltsstoffe wie bei der Tollkirsche. Die Symptome einer Vergiftung sind daher identisch.

Der Stechapfel diente im Lauf der Jahrhunderte auch immer wieder als psychoaktive Droge in der Heilkunst und der Zauberei, bei Prophezeiungen und der Erzeugung von Trancezuständen. In den Hexensalben des Mittelalters wird er immer als einer von vielen Bestandteilen genannt. Datura stramonium ist der lateinische Name der Stechapfelpflanze. Und Datura bedeutet in Sanskrit ›göttlicher Rausch‹.

Und Gustav Meyrink schrieb in seinem »Coagulum«:

»Fröstelnd ging der Alte zum Ofen, hob einen glasierten tönernen Topf herab und löste die raschelnde Hülle, die ihn verschloß; – eine fettige, übelriechende Masse war darin. Heute gerade vor einem Jahr hatte er sie zusammengeschmolzen: – Mandragorawurzel, Bilsenkraut, Wachs und Spermazeti und – und –, er schüttelte sich vor Ekel, – eine zu Brei verkochte Kinderleiche; – die Totenfrau hatte sie ihm verkauft … Kräuter auf die Glut: Ginster, Nachtschatten, Stechapfel. – Wie das prasselt und qualmt. Der Alte löscht die Laterne aus, beugt sich über die Pfanne und atmet den giftigen Rauch ein; er kann sich kaum aufrecht halten, so betäubt es ihn. Und das schreckliche Sausen in den Ohren!«[22]

BILSENKRAUT IN DER BLUMENSPRACHE BEDEUTET: ›OH, MIR WIRD GANZ ANDERS!‹ Ein anderes Nachtschattengewächs ist das Schwarze Bilsenkraut, das eine inzwischen schon eher seltene Pflanze ist. Und auch in dieser Pflanze ist Atropin vorhanden, neben dem Scopolamin und dem Hyoscamin. Allesamt Stoffe, die in der heutigen Medizin zur Lösung von Asthma, von Krämpfen im Magen-Darm-Bereich und zur Narkosevorbereitung angewendet werden. Scopolamin findet auch Verwendung bei Mitteln gegen Übelkeit wie bei der Seekrankheit zum Beispiel.

Die Pflanze wird bis zu 80 Zentimeter groß und hat schwefelgelbe, trichterartige Blüten, welche erstens von Juni bis September blühen und zweitens stark riechen, um nicht zu sagen, sie stinken!

Giftig ist an dieser Pflanze alles! Besonders aber der Samen und die Wurzel.

DAS SCHWARZE BILSENKRAUT wurde in alten Zeiten zu allen – guten wie unguten – Zwecken gebraucht. Die Germanen und die Kelten trockneten es und atmeten die Räucherdämpfe ein, um sich in Ekstase zu versetzen. Man braute sogar ein – rotes – Bilsenkrautbier! Hildegard von Bingen empfahl, die Pflanze ins Wasser zu legen und sich dann damit die Stirne, die Schläfen und die Kehle einzureiben. Damit der Vollrauschkater verschwindet!

Im Mittelalter wurde Bilsenkraut verteufelt, weil es angeblich von Hexen für alle möglichen üblen Dinge verwendet würde: Teufels- und Geisterbeschwörungen und natürlich Morde.

Weiterhin wurden die Samen auch als Bierzusatz verwendet. 1507 verbot eine Polizeiverordnung im bayerischen Eichstätt diesen Zusatz. Das war wohl nicht im Sinne des Reinheitsgebotes! Bier soll ja berauschen, aber doch nicht so!

EINEN SCHWUNGHAFTEN HANDEL MIT GIFTEN und darunter auch mit Bilsenkraut unterhielt die französische Hebamme Catherine Voisin, die später als Serienmörderin hingerichtet wurde. Viele ihrer

DER GEFLECKTE SCHIERLING WIRD IM VOLKSMUND AUCH MITSCHERLICH UND WUTSCHERLICH GENANNT

 Kunden gehörten dem Hochadel an, wie zum Beispiel Madame de Montespan, die Mätresse von Ludwig XIV.

Und in William Shakespeares »Hamlet« gelangte das Bilsenkraut zu theatralischer Berühmtheit:

»Da ich im Garten schlief,
Wie immer meine Sitte nachmittags,
Beschlich dein Oheim meine sichre Stunde
Mit Saft verfluchten Bilsenkrauts im Fläschchen,
Und träufelt' in den Eingang meines Ohrs
Das schwärende Getränk, wovon die Wirkung
So mit des Menschen Blut in Feindschaft steht,
Daß es durch die natürlichen Kanäle
Des Körpers hurtig wie Quecksilber läuft,
Und wie ein saures Lab, in Milch getropft,
Mit plötzlicher Gewalt gerinnen macht
Das leichte, reine Blut. So tat es meinem,
Und Aussatz schuppte sich mir augenblicklich,
Wie einem Lazarus, mit ekler Rinde
Ganz um den glatten Leib.«[23]

EINER DER BERÜHMTESTEN KRIMINALFÄLLE der neuen Zeit hatte zwar einen Sensationsangeklagten, aber der eigentliche Star war das Bilsenkrautgift Hyoscin, mit dem 1910 der Amerikaner Dr. Hawley Crippen seine Frau umbrachte. Dem Toxikologen Dr. William Willcox gelang es – es war das erste Mal – in den inneren Organen des Opfers Hyoscin nachzuweisen. Und was passierte diesem und anderen Opfern? Wie macht sich die Vergiftung bemerkbar? Wie beim Scopolamin (der andere Name des Hyoscins) Mundtrockenheit, Sehstörungen, Halluzinationen, Koordinationsstörungen, Delirium. Ja, hier stimmt die Blumensprache: ›Da wird einem ganz anders!‹

HOFFENTLICH SIND SIE KEIN HUND! Die gleiche Gefährlichkeit gilt für den Blauen Eisenhut, den viele für die gefährlichste, sprich giftigste Pflanze Europas halten. Abgesehen von seinem Erscheinen als Zierpflanze in Gärten findet man den Eisenhut in den Alpen und in den Mittelgebirgen Europas, aber auch im Himalaja. Er wächst an Bachufern und auf feuchten Weiden und wird bis zu eineinhalb Meter hoch. Das Gift Akonitin ist in den Knollen (aus ihnen stellten früher die Bewohner Indiens ein Pfeilgift her) und in den Blättern enthalten.

DIE HOHE GIFTIGKEIT zeigt sich bei einem Bericht des Internisten Lutz Roth, der aus Versehen eine kleine Menge des Giftes an den Nasenflügel gebracht hat.

»Hierauf stellte sich rasch Kribbeln, und nach wenigen Minuten ein ›pelziges‹ Gefühl ein, so dass der Nasenflügel nahezu gefühllos war. Ein heftiger Ausbruch von kaltem Schweiß und leichte Herzrhythmusstörungen folgten. Nach etwa 1,5 – 2 Stunden waren die Symptome langsam abgeklungen. Bei der Rekonstruktion stellte sich heraus, dass die Menge, die auf diese Weise durch die Haut aufgenommen werden konnte, mit größter Wahrscheinlichkeit unter 1 mg lag.«[24]

BEI DEN RÖMERN UND DEN GRIECHEN war der Eisenhut ein beliebtes Giftmittel. Beliebt natürlich nur einseitig gesehen. Als sozusagen immer greifbarer Problemlöser wurde er benutzt, um politische Gegner, ungeliebte Verwandtschaft oder verhasste Erben zu entfernen. So weiß man etwa, dass Kaiser Claudius im Jahr 54 n. Chr. an einer Akonit-Vergiftung starb. Im Jahr 117 n. Chr. legte Kaiser Trajan den ›Eisenhutmachern‹ das Handwerk: Er verbot kurzerhand das Anpflanzen der Giftpflanze!

OBWOHL SIE JA AUCH EINE HEILPFLANZE WAR. Früher hat man zum Beispiel aus Eisenhut, der lateinisch Aconitum napellus heißt,

DIE SCHIERLINGPFLANZE KANN BIS ZU 2 METER HOCH WACHSEN.

eine Tinktur hergestellt, die gegen Migräne und Neuralgien helfen sollte.

Übrigens schrieb Gustav Meyrink, von dem wir schon beim Stechapfel gehört haben, 1916 ein Buch über eine Sekte, deren Anhänger sich am Ende ihres Lebens lebendig begraben lassen. Begründer dieser Sekte war »Der Kardinal Napellus« (so der Titel des Romans), der sich nach seinem Tode in eine Eisenhutpflanze verwandelte und so zum Urvater aller dieser Pflanzen wurde:

»Es heißt, dass sich der Heilige in die Pflanze verwandelt hat, und von ihr, als der ersten, die damals auf Erden erschien, sollen alle übrigen abstammen.«[25]

UND WO IST DAS BUCH ERSCHIENEN? Im Eisenhut Verlag!

Und was passiert, wenn man sich vergiftet? Wenn Sie ein Hund sind, dann kann das sehr schnell gehen. Für einen Hund reichen zwei bis fünf Gramm der Pflanze, und er stirbt. Ansonsten: Genommen und benommen! Typisch ist ein kribbelndes Gefühl in den Händen. Ein Brennen im Mund, Frösteln, Übelkeit, Erbrechen und Durchfälle. Und dies alles schon 10 bis 20 Minuten nach der Giftaufnahme. Es folgen Lähmungen, Schmerzen am ganzen Körper, der Tod tritt als Folge einer Atemlähmung und durch Herzversagen ein.

UND WEIL DAS ALLES SO ERSCHRECKEND KLINGT, hier noch etwas Fröhliches. Nämlich einige der vielen volkstümlichen Namen des Eisenhutes:

Apolloniabraut, Arche Noah, Blaumützen, Fliegenkraut, Isenhübli, Gökschl, Gupfhauben, Herrgottslatsche, Hummelkraut, Mönchskappe, Nonnenhaube, Schlotfegerskappen, Venuswägelchen. Klingt doch gar nicht so gefährlich, oder?

DIE GEFLECKTE TÖTUNG. Es ist so eine Sache mit den historischen Daten. Da gibt es zum Beispiel bei jeder Erwähnung der Schierlingspflanze den Hinweis, dass Sokrates im alten Griechenland den Tod durch den Trank des Schierlingsbechers fand. Nun gibt es aber Historiker, die behaupten, dass das gar nicht wahr sei. Schließlich sei ja nirgendwo explizit dagestanden, dass man ihm Schierling gereicht habe.

Und andererseits steht überall geschrieben, dass Kleopatra sich das Leben genommen habe, indem sie sich eine Kobra auf die Brust gesetzt hätte und nach dem Biss gestorben sei. Das wiederum bezweifeln Fachleute und behaupten, dass sie sich wahrscheinlich mit einem Trank, in dem auch der Saft der Schierlingspflanze enthalten war, das Leben genommen habe.

Aber der Reihe nach.

Dass Sokrates 399 v. Chr. am Schierlingsgift gestorben sei, nimmt man deswegen an, weil man die Symptome kennt. Platon hat sie sehr genau beobachtet und in seinem »Phaidon« beschrieben:

»Er aber ging umher, und als er merkte, daß ihm die Schenkel schwer wurden, legte er sich gerade hin auf den Rücken: denn so hatte es ihn der Mensch geheißen. Darauf berührte ihn eben dieser, der ihm das Gift gegeben hatte, von Zeit zu Zeit und untersuchte seine Füße und Schenkel. Dann drückte er ihm den Fuß stark und fragte, ob er es fühle; er sagte: ›Nein.‹ Und darauf die Kniee, und so ging er immer höher hinauf und zeigte uns, wie er erkaltete und erstarrte. Darauf berührte er ihn noch einmal und sagte, wenn ihm das bis ans Herz käme, dann würde er hin sein. Als ihm nun schon der Unterleib fast ganz kalt war, da enthüllte er sich, denn er lag verhüllt, und sagte, und das waren seine

EIN BELIEBTES GIFT DER ALTEN RÖMER – DER EISENHUT

IN FRÜHEREN ZEITEN LEGTEN BAUERN MIT EISENHUTSUD VERGIFTETE KÖDER GEGEN WÖLFE AUS

 letzten Worte: ›O Kriton, wir sind dem Asklepios einen Hahn schuldig: entrichtet ihm den und versäumt es ja nicht!‹ Das soll geschehen, sagte Kriton; sieh aber zu, ob du noch sonst etwas zu sagen hast?
Als Kriton dies fragte, antwortete er aber nichts mehr; sondern bald darauf zuckte er, und der Mensch deckte ihn auf; da waren seine Augen gebrochen. Als Kriton das sah, schloß er ihm Mund und Augen.«[26]

UND KLEOPATRA? Allgemein war und ist man der Meinung, dass sie sich eine Kobra an den Busen gelegt habe und durch deren Biss umgekommen sei. Das Gift der ägyptischen Kobra ist ein hochwirksames Nervengift. Die Absicht Kleopatras war es, so zu sterben, dass ihre Schönheit erhalten bliebe.
Das ist aber mit einem Gift der Kobra überhaupt nicht möglich. Behauptet Professor Dietrich Mebs:
»Der Biss in den Busen macht sich in der Kunstgeschichte sehr dramatisch und effektvoll. Allerdings ist das höchst unpraktisch, denn gerade in diesem Bereich befindet sich viel Fettgewebe. Das Fortschreiten des Giftes im Körper wird stark verlangsamt. Es dauert umso länger, bis die Wirkung des Schlangengiftes überhaupt eintritt.«[27]

UND WENN, WÄRE DAS EIN UNANGENEHMER und qualvoller Tod. Außerdem kommt ja noch hinzu, wir wissen das bereits, dass Schlangen auch ›trocken‹ zubeißen können, das heißt ohne Gift.
Nein, meint der Toxikologe, viel wahrscheinlicher ist es, dass sich die schöne Kleopatra mit einem Cocktail aus Giften umgebracht hat. Von dem immensen Wissen der Ägypter über Giftpflanzen habe ich ja schon berichtet. Möglicherweise bestand der Gift-Cocktail aus Opium, das uns in einen Dämmerzustand gleiten lässt, plus einem kräftigen Schuss Schierlingsgift, dem Coniin. Und um ganz sicher zu gehen, kommt vielleicht noch eine Prise vom Eisenhutgift, dem Akonitin, hinzu. Eine sichere Art zu sterben, die Schönheit halbwegs zu erhalten und damit, was ja Kleopatras Ziel war, nicht lebend in die Hände von Octavian zu fallen. Bei Plutarch heißt es: »Die Römer fanden Kleopatra schon tot im königlichen Schmucke im Bett liegen.«

ABER KOMMEN WIR JETZT DIREKT ZU DER PFLANZE, zu dem Gefleckten Schierling, dessen lateinischer Name Conium maculatum heißt, von ›konos‹, was auf Griechisch ›Tötung‹ heißt, und ›maculatum‹, Lateinisch für ›gefleckt‹. Eine Pflanze, die bis zu zwei Meter hoch werden kann, dunkelgrüne Blätter besitzt, deren Blüten Dolden bilden und deren Stängel tödlich gefleckt ist. Der Gefleckte Schierling ist weitverbreitet. In Europa genauso wie in Asien, Nord- und Südamerika und Nordafrika. Wie die anderen bisher beschriebenen Pflanzen ist auch beim Gefleckten Schierling die gesamte Pflanze giftig.
UND DIE VERGIFTUNG zeigt sich genau so, wie Platon es von Sokrates beschrieben hat: eine von den Beinen her aufsteigende Lähmung, Brennen im Mund, Erbrechen und Durchfall und zunehmende Atemnot.
Wurde das Schierlingsgift früher gezielt eingesetzt, so kommen heute diese Vergiftungen selten vor. Gelegentlich wird der Gefleckte Schierling mit Petersilie und Sellerie verwechselt. Tiere gehen eher selten an die Pflanze, da sie einen stechenden, unangenehmen Duft ausströmt. Besonders wenn sie verwelkt, riecht sie streng nach Mäuseharn. Als tödliche Dosis gelten beim Menschen 0,5 bis 1 Gramm Coniin.

DIGITALE HEILUNG ODER DIGITALER TOD. Gehen wir den Gang durch meinen Garten der giftigen Gewächse weiter. Und da leuchtet uns purpurrot der Fingerhut entgegen. Der Rote Fingerhut ist eine

DIE ESSBAREN BLÄTTER DES BÄRLAUCHS WERDEN OFT MIT DENEN DER HERBSTZEITLOSEN VERWECHSELT

ECHTES BÄRLAUCHBLATT, DOPPELGÄNGER HERBSTZEITLOSE UND MAIGLÖCKCHEN
– DIE BLÄTTER SEHEN SICH ZUM VERWECHSELN ÄHNLICH.

europäische Pflanze, man trifft sie aber auch in Teilen Nordafrikas an. Die Pflanze wächst häufig an Waldrändern und auf Lichtungen.

UND WARUM DER FINGERHUT Fingerhut heißt, ist sofort klar: weil seine Blüten aussehen wie der Fingerhut, den man beim Nähen verwendet! Meiner Meinung nach eine der schönsten Giftpflanzen! Die glockigen Blüten, die bis zu sechs Zentimeter lang werden können, sind angeordnet wie Weintrauben und scheinen bereit zum Läuten. Zum Läuten der Todesglocke? Nein, so ist es nicht. Obwohl der Rote Fingerhut, der hauptsächlich von Hummeln bestäubt wird, im Ganzen sehr giftig ist. Zwei bis drei getrocknete Blätter können für den Menschen tödlich sein. Schon im Mittelalter erkannte man die Wirkung des Inhaltsstoffes der Pflanze, des Digitalis oder besser des Digitoxins, auf den Menschen. Man setzte es zum Beispiel bei Kopfschmerzen, gegen Geschwüre und auch gegen den bösen Blick ein. Ein Spruch aus der Bretagne lautet:

›Ich grüße dich, bleicher Fingerhut, ich bin gekommen, dich zu pflücken, dass du mir die Gesundheit wiedergibst, denn ich bin mit einem Kropf behaftet.‹

IM JAHR 1775 hat der englische Landarzt William Withering bereits die Heilkraft dieses Stoffes für die Wassersucht durch Herzschwäche entdeckt. Nach weiteren knapp 100 Jahren startete das Digitalis-Mittel seine Karriere als Herzmittel. Die bis heute andauert. Digitalis benutzen die Ärzte, um Probleme des Herzens wie die altersbedingte Herzmuskelschwäche zu behandeln.

Aber die Karriere von Digitalis als Mordgift hatte viel früher begonnen. Denn schon im Mittelalter ›digitalisierte‹ so mancher Böswillige seinen Feind.

Ein berühmter späterer Fall war der des 33-jährigen Arztes Monsieur Couty de La Pommerais, der 1864 eine Dame, nämlich seine Ex-Geliebte Julie de Pauw, mit Digitalis umbrachte, um an ihre Lebensversicherungen zu kommen. Julies Schwager meinte: »Die ganze Sache stinkt. Ich werde das dem Gericht melden.« Die Tat wurde entdeckt und der Täter guillotiniert.

Eine Dame, die sich da besonders hervortat, war viele Jahre später Marie Alexandrine Becker, die im Jahr 1938 in Brüssel vor Gericht stand, nachdem sie des elffachen Giftmordes an Ehemann, Geliebten und Pflegebedürftigen mit Digitalis angeklagt war und lebenslang erhielt.

VERGIFTUNGSOPFER leiden ein bis zwei Stunden nach dem Verzehr unter Erbrechen, Schwindel, Sehstörungen, migräneartigen Kopfschmerzen und verlangsamter Herztätigkeit bis hin zum Herzstillstand. Da die Blätter des Fingerhutes sehr bitter schmecken, gibt es kaum einmal versehentliche Vergiftungen.

DER DUFTENDE SCHEISSLORBEER. Der Spruch ›Ist dein Lehnsherr dir verhasst, gib ihm einfach Seidelbast!‹ heißt nicht unbedingt, dass man den Lehnsherrn umbringen will. Obwohl das sicher nicht selten der Fall war. Seidelbast (Daphne mezereum) wurde in alten Zeiten unter anderem als Purgiermittel, als Abführmittel benutzt. Nimmt man einen der anderen Namen für Seidelbast, dann müsste der Spruch in etwa heißen: ›Magst deinen Lehnsherrn nicht mehr, dann gib ihm vom Scheißlorbeer!‹ So wurde Seidelbast nämlich auch genannt, neben so schönen Namen wie Kellerhals, Purgierkraut oder Bergpfeffer. An einer geringen Dosis des Seidelbastgiftes, dem Mezerin, starb der Lehnsherr nicht, aber … na ja!

Seidelbast ist eine weitverbreitete Pflanze. Man findet sie in Europa genauso wie in Asien. Die Pflanze kann bis zu eineinhalb Meter hoch werden und ist eine der Pflanzen, die sehr früh schon blühen,

DER FINGERHUT MACHTE KARRIERE ALS HERZMITTEL (DIGITALIS).

AUCH HEUTE NOCH GEHÖRT SEIDELBAST IM ALPENBEREICH ZU DEN KRÄUTERN, DIE AN MARIA HIMMELFAHRT GEWEIHT WERDEN

SEIDELBAST – ZEHN BEEREN KÖNNEN FÜR EIN KIND SCHON TÖDLICH SEIN.

weswegen sie im antiken Griechenland auch als Symbol für einen Neuanfang stand. Die Blüten, die sich noch vor den Blättern entfalten, sind sehr schön purpurfarben und duften stark, während die Beeren, die besonders giftig sind, später ein kräftiges Scharlachrot aufweisen. Die Pflanze ist allgemein giftig. Und 10 bis 12 Beeren vom Seidelbast, und Ihnen ist gar nichts mehr und nie wieder etwas verhasst!

DER NATURFORSCHER JOHANN FRIEDRICH GMELIN, den wir schon als Fachmann in Sachen tierische Gifte kennengelernt haben, schreibt in seinem Werk »Allgemeine Geschichte der Pflanzengifte, entworfen von Johann Friedrich Gmelin, der Arzneykunst Doktor, dieser und der Weltweisheit öffentlichen Lehrer auf der hohen Schule zu Göttingen« über den Seidelbast:

»Alle Theile dieses Gewächses … vornehmlich die Beeren haben eine ganz ungemeine Schärfe, und erregen, wenn sie auf die Haut geleget werden, Röte und Blasen, wenn sie aber hinuntergeschlungen werden, grausames, lang anhaltendes Brennen in dem Munde, Schlunde und der Kehle, oft eine Entzündung dieser Bereiche, einen unauslöschlichen Durst, das heftigste Erbrechen, hartnäckige langweilige und grausame Bauchflüsse, Bauchschmerzen, die noch lange nachher bleiben, schlaflose Nächte, hitzige Fieber, unbeschreibliche Entkräftung, Abschälung des Oberhäutchens an dem ganzen Leibe, und nicht selten den Tod. Schon die Ausdünstungen der Blumen erregen zuweilen in einem verschlossenen Zimmer Ohnmachten. Sogar der Rauch des Holzes, in welchem sie ihr Fleisch geräuchert hatten, tötete nach Zuckungen und einer bangen Empfindung, als wenn sie erdrosselt würden, einige Soldaten in Korsika.«[28]

Ob das mit den Soldaten der Wahrheit entspricht? Ich jedenfalls habe es nicht ausprobiert. Sicher ist sicher.

WAS ABER WIRKLICH GEFÄHRLICH IST BEIM SEIDELBAST, das sind die Beeren. Die schöne knallige Farbe und die vage Ähnlichkeit mit Johannisbeeren verlockt Kinder dazu, sie zu essen. Obwohl sie einen stark bitteren, brennenden Geschmack besitzen. Zehn Beeren sind für Kinder unter Umständen tödlich. Aber die weniger harmlosen Wirkungen sind auch beachtlich. Ein Mann nahm einen Zweig in den Mund (warum eigentlich?) und hatte danach einen geröteten Mund, denn die Inhaltsstoffe der Pflanze sind stark Schleimhaut reizend.

VON IHR STAMMT DAS EBENHOLZ. Ähnlich rote Beeren wie der Seidelbast besitzt die Eibe, wobei diese Beeren nur Scheinbeeren sind. Es ist ein roter Mantel, der den Samen umgibt. Mit ihren abstehenden Ästen ziert die Eibe als immergrüner Nadelbaum, der bis zu 15 Meter hoch wachsen kann, viele Friedhöfe, Parks und Gärten. Man findet sie in ganz Europa, Nordafrika und in Kleinasien. Man hat schon Eiben gefunden, die an die 1000 (!) Jahre alt sind.

IM ALTERTUM WAR DER EIBENBAUM den Todesgöttern geweiht. Worauf auch noch die Volksnamen Totenbaum und Todesbaum hinweisen. Das äußerst wirksame Gift der Eibe (Taxus baccata), das Taxin, ist in der gesamten Pflanze enthalten, außer in den Scheinbeeren. Nimmt man einen Extrakt aus 50 bis 100 Nadeln ein, so ist das für den Menschen tödlich. Man leidet unter Erbrechen, Leibschmerzen, Schwinden des Bewusstseins, und schließlich folgt der Tod durch Herzversagen. Es gibt ja Menschen, die gerne an Zweigen oder Trieben kauen. Warum man so etwas tut, will sich mir nicht recht erschließen. Ich erinnere mich an meinen Biologielehrer, der auch immer ausgesprochen gerne Maitriebe aß. Und einmal auch deswegen in Ohnmacht fiel. Er meinte, weil die Bäume gespritzt waren. Es könnte aber eher sein, dass er eine Giftpflanze erwischt hat. Das kann

EIBE – GIFTIG SIND RINDE, NADELN UND SAMEN.

ARONSTAB – DIE BERREN SCHMECKEN SÜSS, SIND ABER GIFTIG.

GINSTER – ALLE PFLANZENTEILE SIND GIFTIG.

FUCHSIE – SIE DARF GERNE BERÜHRT WERDEN.

OLEANDER – ALLE PFLANZENTEILE SIND GIFTIG.

DER NAME DIGITALIS STAMMT VON DEM DEUTSCHEN LEONHARD FUCHS, NACH DEM DIE FUCHSIE BENANNT WURDE

ja auch einem Biologielehrer passieren. ›Nobody is perfect!‹ Aber nicht nur für Biologielehrer, sondern auch für die Tiere ist die Eibe ein gefährliches Gewächs. So heißt es in einer Zeitungsmeldung vom 24.10.1990, dass ein Mann zu einer Geldstrafe von 30 000 Mark verurteilt wurde. Er hatte seine Eibenbäume geschnitten und die Zweige auf der benachbarten Wiese liegen lassen. Pferde, die davon fraßen, zeigten schwere Vergiftungserscheinungen, einige starben.
›Ja, nimm was von der Eibe, und du hast's im Leibe!‹ Das ist jetzt kein Volksspruch, sondern von mir gedichtet.

WIE IM PRINZIP BEI ALLEN GIFTPFLANZEN, sie ist ganz schön gefährlich, aber eben auch schön anzusehen. Das wusste auch Theodor Fontane, der in seinen »Wanderungen durch die Mark Brandenburg« ein ganzes Kapitel dem Eibenbaum widmete. Er erblickte ihn im Parkgarten des Herrenhauses und schrieb:
»Die Eibe / Schlägt an die Scheibe / Ein Funkeln / Im Dunkeln
Wie Götzenzeit, wie Heidentraum / Blickt ins Fenster der Eibenbaum.«
Und weiter:
»Frisch und grün, wie der jüngsten einer, so steht er wieder da, schön im Sommer, aber am schönsten in Dezembernächten, wenn seine obere Hälfte sich unter dem Schnee beugt, während unten die Zweige wie unter einem Dache weitergrünen. Dies Schneedach ist sein Schmuck und – sein Schutz. Das zeigte sich vor einigen Jahren. Der Schnee lag so dicht auf ihm, daß es schien, seine Oberzweige würden brechen. Mißverstandene Sorgfalt fegte und kehrte den Schnee herunter; da gingen im nächsten Sommer einige jener Zweige aus, denen man mit dem Schneedach ihr warmes Winterkleid genommen hatte. Aber er hat's überwunden und grünt in Frische weiter, und wenn ihm wieder Gefahren drohen, so oder so, möge unser Eibenbaum immer einen treuen Freund haben, wie in alter Zeit.«[29]

SIE BLÜHT OHNE BLÄTTER. Ein merkwürdiger Name: Herbstzeitlose. Einerseits also zeitlos, andererseits begrenzt auf den Herbst? Aber es ist ja auch eine merkwürdige Pflanze. Zumindest was die Vergiftungssymptome betrifft. Aber zu denen später. Erst eine kurze Vorstellung:
Auf die Herbstzeitlose trifft man hauptsächlich in Europa. Aber auch schon mal in Nordafrika. Wo auch immer, am besten man sucht sie auf feuchten Wiesen. Da fühlt sie sich wohl. Sie blüht im September und Oktober, also im Herbst, womit in etwa das ›zeitlos‹ erklärt wird. Wenn sie blüht, trägt sie übrigens keine Blätter. Und das ist wohl der Grund, warum sie in manchen Gegenden Faule Grete genannt wird. Oder in den Alpen auch schon Nackerte Jungfrau oder sogar Nackte Hur! Und was macht sie, bevor sie blüht? Im Sommer bildet sie eine Knolle, aus der sich dann später die Blüte entwickelt. Eine Blüte mit langen, lilarosa Blütenblättern. Sie sind wunderschön anzusehen, »die immerfrohen Blumen, die wie blühende Sterne glänzen«, beschrieb sie Friedrich Hölderlin in seinem Gedicht »An die Hoffnung«.

DIE FRUCHT MIT DEN SAMEN bildet sich im Frühjahr. Und genau die sind, wie die ganze Herbstzeitlose (Colchicum autumnale) ziemlich giftig. Auch die Samen enthalten das Gift Colchicin. Und das wirkt ziemlich gemein, weil die Symptome erst Stunden nach dem Verzehr auftreten. Wie bei den anderen berichteten Pflanzengiften beginnt es auch mit einem Brennen im Mund, mit Schluckbeschwerden, Übelkeit und Erbrechen. Blutiger Durchfall kann sich ergeben, Bewusstlosigkeit bis hin zur Atemlähmung. Tödlich kann die Wirkung sein, wenn man nur fünf bis zehn Samen zu sich genommen hat. Kinder sind wieder einmal extrem gefährdet und sind schon bei einer geringeren Dosis in Gefahr, sich tödlich zu vergiften.

MAIGLÖCKCHEN RIECHEN GUT, SIND ABER GIFTIG.

IN FRANKREICH HEISST DER 1. MAI AUCH ›TAG DES MAIGLÖCKCHENS‹ (›JOUR DU MUGUET‹)

 SIE KLAMMERT UND KLAMMERT. Es gibt einfach Pflanzen, bei denen man an alles denkt, außer an Gift. Beim Schierling, beim Eisenhut oder etwa beim Fingerhut, da weiß man in der Regel: Vorsicht, giftig! Aber wissen Sie das auch vom Maiglöckchen, vom Ginster oder vom Efeu? Efeu sieht man überall, eine ganz normale, gewöhnliche Pflanze, die man überall in Europa, aber auch in Nordamerika finden kann. Wer, wenn er sich nicht auskennt, denkt da schon an Giftstoffe? Efeu ist eine dieser immergrünen Kletterpflanzen, die sich an Bäumen, Felsen, Mauern, Zäunen oder Häusern emporranken. Und das bis zu 50 Meter und mehr. Blütezeit ist von August bis Oktober, die Früchte sind im Frühjahr reif. Die Beeren des Efeu (Hedera helix) enthalten, wie auch die Stängel und die Blätter, das Gift Hederin. Zum Glück sind diese Beeren so bitter, dass man kaum in Versuchung kommt, sie zu kauen. Wenn doch, sind hier wieder Kinder besonders gefährdet. Erbrechen, Durchfall, Krämpfe sind die Folgen. Und wenn Sie Ihren Efeu einmal zurückschneiden, dann achten Sie auf Hautkontakt. Da kann es leicht einmal zu Ausschlägen kommen.
Immerhin kannte man im Altertum Efeu schon als Rausch- und Ekstasedroge. So schreibt etwa Plinius in seiner »Historia naturalis«, Efeu »verwirrt den Sinn, reinigt, zu reichlich getrunken, den Kopf; innerlich genommen, schadet er den Nerven, ist aber bei äußerlicher Anwendung eben diesen Nerven zuträglich … Als Getränk wirken (Efeuarten) harntreibend, lindern den Kopfschmerz, besonders im Gehirn.«[30]
Früher galt der Efeu übrigens als Schmarotzerpflanze, weswegen sie wohl teilweise auch Baumwürger genannt wurde. Das aber haben die Biologen inzwischen umgeändert in Schlingpflanze. Schmarotzer schmarotzen auf Kosten einer anderen Pflanze, und Schlingpflanzen schlingen sich eben um etwas herum. In jedem Fall eine klammernde Pflanze, die unverbrüchlich anhaftet. Wenn sie etwas zum Umschlingen findet! Und warum soll ich dazu nicht mal wieder Goethe zitieren, der da schrieb:
»Efeu und ein zärtlich Gemüt / Heftet sich an und grünt und blüht
Kann es weder Stamm noch Mauer finden / Es muss verdorren,
es muss verschwinden.«[31]

IM MAI KEHRT DAS GIFT ZURÜCK. Und weil ich die Maiglöckchen erwähnt habe, auch zu diesem Gewächs ein paar Worte. Eine wirklich schön anzusehende Pflanze mit hübschen Blüten, die wie kleine Glöckchen am Stängel hängen. Maiglöckchen haben eine sogenannte Sprossachse, die unterirdisch verläuft, und deswegen bilden sich auch immer ganze Gruppen von den Pflanzen. Maiglöckchen gibt es in ganz Europa. Sie wachsen in lichten Wäldern, auf Bergwiesen und natürlich in Gärten als Zierpflanze. Es ist eine gern gesehene Pflanze, sie kündigt den Frühling, das wieder erwachte Leben an! Darum bedeutet sie auch in der Blumensprache: ›Das Glück kehrt zurück!‹
EIN PFLÄNZCHEN ALSO mit einem großen positiven Image. Und dennoch giftig? Ja! Beim Maiglöckchen (Convallaria majalis) sind alle Pflanzenteile giftig, sie enthalten hauptsächlich das Gift Convallatoxin. Vergiftungen treten eher dann auf, wenn man die kleinen roten, erbsengroßen Beeren isst. Es kommt zu Übelkeit, Erbrechen, Durchfall und Benommenheit. Hätten Sie's gedacht? Ein so niedliches Pflänzchen und dann das!
JA, ES GIBT NOCH VIELE UNVERMUTETE GIFTPFLANZEN.
Ginster hatte ich schon erwähnt. Aber auch der Oleander ist giftig, den wir immer in südlichen Ländern so bewundern. Und auch unser Weihnachtsstern gehört zu den Giftpflanzen. Die Gelbe Narzisse ebenso wie der Aronstab, der Gummibaum oder die Fuchsie.
Dass die Tabakpflanze giftiges Nikotin enthält, wird sich spätestens

STEINKLEE – WIRD IN DER MEDIZIN VERWENDET

seit den Aufdrucken auf Zigarettenschachteln, dass Rauchen tödlich ist, bei jedem herumgesprochen haben. Wie viele Giftpflanzen aber hat Tabak auch eine heilende Wirkung. Das nur als kleines Notabene: In einer Doktorarbeit über das Rauchen bei den Ureinwohnern in Kuba heißt es, dass sie die Zigarrenstummel in Wasser einlegten und das Wasser dann erfolgreich gegen Ausschläge und Schwellungen verwendeten. Allerdings muss ich hinzufügen, dass diese Geschichte von Heinrich Villiger ›himself‹ stammt, dem Verwaltungsratspräsidenten der gleichnamigen Schweizer Zigarrenfabrik.

NIKOTIN IST ÜBRIGENS das erste der »Staatsgifte« des Ewald Gerhard Seeliger. Keiner kennt ihn mehr, vielleicht höchstens noch sein Werk »Peter Voss, der Millionendieb«, das einmal mit O. W. Fischer erfolgreich verfilmt wurde. Die Staatsgifte beschrieb Seeliger in seinem 1922 erschienenen und gleich darauf verbotenen »Handbuch des Schwindels«, das sich immer wieder zu lesen lohnt. Unter Staatsgiften versteht er: »Denkablenkungs- und Lebenszerstörungsstoffe, durch die das Volk in den seinen Schindern höchst erwünschten Zustand des Falschdenkens versetzt und in ihm erhalten werden soll.«[32] Seeligers restliche Staatsgifte sind Alkohol und Opium.

Ja, es gäbe sicher noch manches über giftige Pflanzen zu berichten. Viele wurden noch nicht vorgestellt. Jedoch, wie ich am Anfang der Pflanzengeschichten schrieb, es ist mein ganz persönlicher Katalog der Giftpflanzen, die ich interessant und spannend finde. Sie haben die Castingshow bei mir gewonnen.

MEIN SPEZIELLER FREUND. Zuletzt möchte ich aber noch auf eine Pflanze zu sprechen kommen, die mir persönlich sehr am Herzen liegt. Den Steinklee. Steinklee ist für Menschen nicht giftig, für Tiere hingegen sehr gefährlich. Für mich ist es eine ganz wichtige Pflanze, sie ist sozusagen mein Freund geworden, weil die homöopathische Gabe von Melilotus officinalis mich von meiner jahrelangen, schweren Migräne befreit hat. Vorher kannte ich diese Pflanze überhaupt nicht. Und dabei gibt es diesen Steinklee in Europa und in Asien, in Mitteleuropa sogar recht häufig. Es ist eine bis zu einem Meter hohe, recht unscheinbare Pflanze, die in der Regel an Weg- und Ackerrändern wächst, gelbe Blüten trägt und zwar von Mai bis September. ›Giftig‹, aber in Anführungszeichen, ist die gesamte Pflanze. Steinklee enthält Cumaringlycoside, eine zuckerähnliche Verbindung, die bei uns Übelkeit, Erbrechen und Kopfschmerzen auslösen kann. Hingegen, wie schon erwähnt, kann es für Tiere gefährlicher werden, wenn sie den Steinklee gefressen haben. Bei Pferden, Rindern, Schweinen und Schafen können innere Blutungen entstehen, die tödlich enden.

Und weil ich das beim Steinklee erwähnt habe, alle diese jetzt beschriebenen Giftpflanzen werden auch von der Homöopathie zu Heilzwecken genutzt. Belladonna etwa unter anderem gegen fieberhafte Entzündungen, Hyoscyamus (Bilsenkraut) bei Problemen der Atemwege, Aconitum (Eisenhut) bei Entzündungen, Stramonium (Stechapfel) bei Problemen des zentralen Nervensystems. Denn natürlich setzt Homöopathie die Mittel je nach Patient ein. Genauso, wie sie auch tierische Gifte benutzt. Lachesis etwa, Schlangengift, bei septischen Entzündungen. Naja tripudians, das Gift der Brillenschlange, für das Herz-Kreislauf-System. Um nur eine winzige Auswahl der Anwendungen zu zeigen.

DAS FLEISCH DES WALDES: PILZE MIT SCHÖNEN NAMEN UND UNSCHÖNEM TOD

LAMMELEN DES FRUCHTKÖRPERS

ES GIBT AUCH EINE KRANKHAFTE ANGST VOR PILZEN, DIE DIE MEDIZINER MYKOPHOBIE NENNEN

FLIEGENPILZE, KEINER WILL SE, ACH WIE SIND SIE SCHÖN.
ROTES JÄCKCHEN, WEISSE FLECKCHEN, NIEDLICH ANZUSEHN,
UND DA SPRICHT DIE FRAU MAMA,
GIFTIG SIND DIE DINGER DA.
ESST SIE NICHT, SONST WIRDS EUCH SCHLECHT,
NUN WISST IHR'S RECHT.

HABT IHR ERST DAVON GEGESSEN, ACH WIE TUT DAS WEH,
ÜBERALL VERSPÜRT IHR SCHMERZEN,
BIS ZUM GROSSEN ZEH.
KOMMT DER ONKEL DOKTOR DANN,
MIT DER GROSSEN BRILLE AN.
SCHREIBT AUF EINEN LANGEN ZETTEL: BITTRE MEDIZIN!

IMMER WIEDER MÜSST IHR SCHLUCKEN,
ACH DAS IST EIN GRAUS, IMMER WIEDER MÜSST IHR
SCHLUCKEN, BIS DAS GIFT HERAUS,
BIS IHR WIEDER TANZEN KÖNNT,
FRÖHLICH ÜBER WIESEN RENNT.
DENKT NOCH IMMER HIER ZURÜCK
AN DAS MISSGESCHICK. (ALTES KINDERLIED)

DA STECKT SCHON VIEL DRIN, was man über Pilze sagen kann: »Niedlich anzusehen … giftig sind die Dinger … esst sie nicht … Schmerzen … Onkel Doktor«. Aber das bezieht sich natürlich nur auf die Giftpilze. Zum Glück gibt es ja auch wunderbar schmeckende essbare Pilze.

Pilze gibt es mit Hüten, Knollen, Strünken, Bechern und Keulen. Es gibt glatte Pilze, stachelige, schön aussehende und hässliche. Es gibt weiße, gelbe, violette oder schwarze, in jeder Farbe. Nur eines sind Pilze nicht: grün!

Dass Pilze schon sehr früh Nahrungsbestandteil wurden, liefert als Beweis der Mann vom Hauslabjoch, besser bekannt als Ötzi, dessen Mumie 1991 gefunden wurde. Bei Ötzi fand man zwei Birkenporlinge, die antibiotische Wirkung haben, entzündungshemmend sind und auch bei Magen- und Darmbeschwerden helfen sollen.

Aber ich will hier von den ungenießbaren, den giftigen berichten. Von den rund 4000 bis 5000 bekannten Arten in Europa kann man etwa 200 als gesundheitsschädigend bis tödlich bezeichnen. 5 bis 10 Menschen sterben jährlich an einer Pilzvergiftung. Zwischen 1980 und 1989 waren es 55 Todesfälle, zwischen 1990 und 1999 35. Fachleute schätzen die Dunkelziffer für (nicht tödliche) Vergiftungsfälle auf mehrere 100 pro Jahr. Alle Zahlen gelten für Deutschland.

Und wie schon gesagt, die Vergiftungen können tödlich sein, aber auch ansonsten sehr gravierend. Einige Pilze sind in ihrer Wirkung sehr fatal, weil sie eine Langzeitwirkung entfalten. Das heißt, es dauert mehrere Stunden oder sogar Tage, bevor überhaupt schwere Vergiftungserscheinungen auftreten. Eine weitere Schwierigkeit ist, dass es kein spezifisches Mittel zur Behandlung von Pilzvergiftungen gibt. Bei einer Vergiftung versucht der Arzt, den Körper zu stabilisieren und so schnell wie möglich den Magen auszupumpen.

DAS GROSSE THEMA IN SACHEN PILZVERGIFTUNG ist die Unkenntnis bzw. das gefährliche Halbwissen. Einige meinen tatsächlich, sie würden alle Pilze kennen, speziell auch die giftigen. Und das geht eben oft daneben.

Jeder, der Pilze sucht, sollte nur jene sammeln, die er tatsächlich 100-prozentig kennt! Von Pilzen, die man erst bestimmen muss, sollte man die Finger lassen! Es gibt tatsächlich immer noch Menschen, die

ES GIBT MINDESTENS 200 ARTEN VON GESUNDHEITSSCHÄDIGENDEN PILZEN

irgendwelchen Empfehlungen glauben, mit dem Hineinstechen eines sich dann Braun färbenden Silberlöffels könne man feststellen, ob der Pilz giftig sei. Das ist Nonsens, vergessen Sie es, sonst wechseln Sie vom Esstisch direkt zum Obduktionstisch! Genauso wie früher erzählt wurde, ein Giftpilz färbe eine Zwiebel schwarz oder Salz gelb. Alles Märchen! Die einzige Möglichkeit, Giftpilze zu erkennen, ist, ihre Art zu bestimmen. Und das sollte man Fachleuten überlassen. Die kennen sich aus, und die wissen auch um die neuesten wissenschaftlichen Erkenntnisse. Es kann nämlich passieren, dass in Büchern ein Pilz als essbar beschrieben wird, aber inzwischen nach neueren Untersuchungen zu den giftigen gerechnet wird.

So berichtet ein Pilzsachverständiger, dass er in einem Schweizer Pilzbuch von 1979 noch den Grünen und Weißen Knollenblätterpilz unter den essbaren Pilzen gefunden hat!

AUCH WAR DER GIFTIGE GRÜNLING noch bis zum Jahre 2001 als Marktpilz zugelassen. Anlass zur Erklärung, dass der Grünling giftig sei, war eine Serie von Vergiftungen und Todesfällen in Frankreich. Dabei stellte sich heraus, dass von allen Konsumenten diese Pilze gerne und in großen Mengen gegessen wurden. Was man allerdings noch nicht herausgefunden hat, ist der Grund, warum der Grünling manchmal zu Vergiftungen führt, in anderen Fällen nicht.

Und eine deutsche Krankenkasse hatte 2010 in ihrer Mitgliederzeitschrift den Grünling als essbar bezeichnet. In einem Brief an die 1,6 Millionen Versicherten hat sie den Fehler inzwischen – hoffentlich rechtzeitig für die Leser – korrigiert und sich dadurch viel Geld erspart. Richten Sie sich also bei Ihrer Suche nach Pilzen nicht nach uralten Büchern, die Sie noch von Ihrer Oma haben!

Auch ist die Verwechslungsgefahr zu groß. Es gibt Varianten vom tödlichen Knollenblätterpilz, die einem Champignon zum Verwechseln ähnlich sehen!

Und glauben Sie nicht, wenn Sie die heimische Pilzflora kennen, können Sie unbesorgt im Auslandsurlaub Pilze sammeln. Manche Arten sehen unseren Essbaren sehr ähnlich, sind es aber bei Weitem nicht, sodass es zu katastrophalen Täuschungen kommen kann.

Und knabbern Sie nicht am Pilz herum, um zu sehen, ob er mild oder scharf schmeckt. Auch mild schmeckende Pilze können tödlich sein. Wenn Sie sich irren, ist Ihr Leben möglicherweise keinen Pfifferling mehr wert!

ZUM BEISPIEL SOLL DER KNOLLENBLÄTTERPILZ einer der am besten schmeckenden Pilze sein. Das hat man von Leuten gehört, die eine entsprechende Vergiftung überlebt haben. Wie der Fall einer Pilzvergiftung aus dem Jahre 1953 zeigt. Ein 62-jähriger Mann und ein 11-jähriges Kind starben, während die Frau, die das Essen zubereitet hatte, überlebte. Sie gab später an, dass sie noch nie ein so wohlschmeckendes Pilzgericht gegessen habe!

Auch ein anderer Mensch hat die Giftbeigabe des Grünen Knollenblätterpilzes überlebt. Ein seltsam skurriler Fall, den Eric Ambler in seinem Buch »Die Begabung zu töten« zeigt. Der Franzose Henri Girard versicherte seine Opfer erst zu seinen Gunsten und brachte sie dann um. Sein erstes Opfer brachte er mit Typhuserregern um. Beim zweiten versuchte er es mit Pilzen:

»Besonders angetan hatte es Girard die Sorte Amanita Phalloides, und auch diesmal war ein Freund, Duroux, das auserwählte Opfer. Nachdem er ihn in der üblichen Weise versichert hatte, lud er ihn zum Abendessen ein, um die neue Methode auszuprobieren. Es war ein Reinfall. Duroux wurde nicht einmal schlecht. Girard bereitete nunmehr ein stärkeres Gebräu zu, das er dem Freund ein, zwei Tage

PILZLAMELLEN

IN DER FRÜHEREN DDR BRAUCHTE MAN EINE GENEHMIGUNG, UM PILZE ZU VERKAUFEN

später ins Glas tat. Das Resultat gereichte ihm nicht zur Ehre … Duroux erlitt nicht viel mehr als eine Magenkolik.
Doch es ging noch weiter. Als es ihm wieder besser ging, traf er sich erneut auf ein Gläschen mit Girard, und es passierte genau die gleiche Geschichte. Auch diesmal starb er nicht. Girard gab es auf, sich mit dieser frustrierenden Versuchsperson länger zu beschäftigen.«[33]

DER MANN WAR EINFACH NICHT UMZUBRINGEN. Das war Pech für Madame Monin, die Girard daraufhin – erfolgreich – umbrachte. Aber einer Versicherung kamen die Dinge verdächtig vor. Es wurde eine Untersuchung eingeleitet. 1921 wurde Girard verhaftet, aber er entzog sich der gerichtlichen Verantwortung, indem er sich selbst mit seinen Typhuserregern umbrachte!
Aber zurück zum Thema. Wenn Sie Bissspuren von Tieren an Pilzen sehen, denken Sie nicht, dass der Pilz dann auch für Menschen verträglich sein müsste. Tiere wie Wildschweine oder Schnecken zum Beispiel können Giftpilze fressen, ohne dass sie irgendwelche Symptome zeigen. Bei den Pflanzen hatten wir ja das gleiche Phänomen beobachtet.
Und es gibt Fachleute, die sogar warnen, Pilze auf Märkten zu kaufen! Bei uns kann jeder, der will, Pilze verkaufen. Ob er sie kennt oder nicht. So wie es der folgende Witz beinhaltet:
Sagt der Förster zu einem Jungen, der Pilze sammelt: »Die sind doch alle giftig!« – »Macht nichts«, meint der Junge, »die verkaufe ich an der Autobahn!«
ALSO: WENN SIE PILZE SUCHEN und sich nicht sicher sind mit einigen Exemplaren – weglassen! Allenfalls sollten Sie die Pilzberatung aufsuchen. Jeweils zur Pilzzeit gibt es immer wieder Beratungsstellen, die sich auskennen. Besser dorthin gehen als ins Krankenhaus!
Übrigens stellen nach den Worten eines Pilzsachverständigen in der Praxis oft verdorbene Speisepilze eine größere Gefahr dar als die Pilze mit den arteigenen Giftstoffen. Die Pilze werden nach zu langer Lagerung – beim Verkäufer oder Käufer – von Schimmelpilzen befallen.
Und vielleicht noch ein Wort zu den bei Jugendlichen in Mode gekommenen Rauschpilzen, den Magic Mushrooms. Das Rauschgift von ihnen wirkt wie LSD. Die Rauschpilze sind beliebt, weil sie viel billiger sind als andere Drogen. Darum gehen viele Interessierte in den Wald, um die kleinen braunen Pilze zu suchen. Gefährlich, gefährlich! Denn auch hier ist die Verwechslungsgefahr groß. Man kennt sich nicht aus und sucht einfach mal. So wie drei Jugendliche in Bayern, die statt der halluzinogenen Pilze, »Narrenschwammerl« nannten sie diese, den hochgiftigen Orangefuchsigen Raukopf erwischten. Statt Rausch folgte bei einem der Jugendlichen Niereninsuffizienz; nach der Dialyse folgte eine Nierentransplantation! Die beiden anderen hatten entweder mehr Glück oder weniger gegessen.
BEI EINER VERGIFTUNG ist es für die Helfer immer wichtig zu wissen, um welchen Pilz es sich gehandelt hat. Meistens sind ja noch Essens- oder Putzreste übrig.
Bei Verdacht auf Vergiftung sollte man sich sofort an eine Klinik wenden! Diese ruft dann in der Regel bei den Giftnotrufzentralen an, die sich wiederum an Pilzsachverständige wenden. Das sind die wirklichen Kenner. Und man muss dazu sagen, dass sie fast immer ehrenamtlich arbeiten. Ihre Ausbildung, Prüfung und auch die Weiterbildung müssen sie selbst bezahlen. Und sind sie als Pilzsachverständige eingetragen, müssen sie sich alle fünf Jahre weiterbilden. Sie besitzen ein großes Wissen, beraten die Bevölkerung, mikroskopieren bei Vergiftungsfällen Erbrochenes oder Stuhlextrakte. Alles ehrenamtlich … Pilzkenner haben es – in jeder Hinsicht – nicht einfach, wie Eugen Roth beweist:

SAFRANSCHIRMLING

 DER PILZ-FACHMANN

Ein Mensch, als Schwammerlkenner groß, Hat ein beklagenswertes Los:

Daß er sich ausruht und gut nährt, / Aufs Land er zu Verwandten fährt – / Statt dessen heißt es gleich: Hurrah! / Jetzt ist der Schwammerlonkel da! / Schon wird mit Freund und Freundesfreund / Den ganzen Tag der Wald durchstreunt; / Dem Menschen wird zur sauren Pflicht / Der ambulante Unterricht: Man hetzt ihn wild bergauf, bergab: / ›Schau her, was ich gefunden hab!‹ / Als Lehrkraft ist er sehr von Nutzen, / Besonders auch beim Schwammerlputzen, / Und nachts noch muß er überwachen / Die Kochkunst, Pilze einzumachen. / Und weil dort jeder Schwammerl mag / Und sie nicht aß seit Jahr und Tag, Gibt's als Gemüs, Salat und Suppen, / Nur Schwammerl, ach, bis in die Puppen. / Die Kirchweihgans wird erst verspeist, / Wenn er schon wieder abgereist.[34]

UND AUCH HIER, WIE BEI ALLEM ANDEREN in diesem Buch: Es folgt keine vollständige Fachabhandlung über Giftpilze plus deren Charakterisierung. Es gibt wahrscheinlich so viele Fachbücher mit ausgezeichneten Fotografien und Beschreibungen wie Pilze. Was ich anführen werde, sind meine ganz persönlichen Lieblingspilze (neben den essbaren). Die ich in diesem Falle geordnet habe nach der Art der Pilzgifte. Von diesen gibt es hauptsächlich sechs verschiedene Sorten. Das erste ist das Muscarin.

DAS ROT-WEISSE MUSCARIN-ZAUBER-EI. Weil ich mit dem Fliegenpilzlied begonnen habe, bleiben wir doch gleich bei diesem Pilz. Er ist nicht der gefährlichste, nicht der giftigste, das muss ich gleich sagen. Aber sicherlich ist der Fliegenpilz der volkstümlichste unserer Pilze.

Da es hier um Giftpilze geht, könnte ich eigentlich gleich wieder aufhören, über ihn zu reden. Der Fliegenpilz ist nicht tödlich giftig. Viele zählen ihn zu den psychoaktiven Pilzen. In der toxikologischen Literatur ist kein einziger Fall einer tödlichen Fliegenpilzvergiftung bekannt geworden:

»Die meisten Menschen im deutschen und englischen Sprachraum glauben – ungeachtet ihres Bildungsstandes –, dass Fliegenpilze tödlich giftig sind und dass man sie unbedingt meiden muss. Die paracelsische Binsenweisheit, dass allein die Dosis macht, ob ein Ding ein Gift oder Heilmittel wird, ist anscheinend noch nicht durchgesickert.«[35]

ES IST SO EIN HIN UND HER, wenn man sich über den Fliegenpilz informiert. Vielleicht kann man das so zusammenfassen: Er ist nicht so giftig, wie viele denken, aber ungefährlich ist er auch nicht. Die meisten Pilzsucher jedenfalls meiden ihn. Was auch nicht schwer fällt, denn er ist sehr auffällig. Scharlachroter Schirm mit weißen Warzen, schlanker weißer Stiel. Vielfach abgebildet gleichermaßen als Giftsymbol wie auch als Glückspilz.

Viele Menschen, die man auf den Fliegenpilz anspricht, beginnen sofort, das Lied von Hoffmann von Fallersleben zu singen: »Ein Männlein steht im Walde« … Ist aber falsch. Denn in diesem Lied geht es um die Hagebutte! Siehe letzte Zeile!

»Ein Männlein steht im Walde ganz still und stumm, / Es hat von lauter Purpur ein Mäntlein um. / Sagt, wer mag das Männlein sein, Das da steht im Wald allein / Mit dem purpurroten Mäntelein.

Das Männlein steht im Walde auf einem Bein / Und hat auf seinem

DER FLIEGENPILZ HEISST SO, WEIL MAN FRÜHER PILZSCHEIBEN IN GEZUCKERTE MILCH ZUR FLIEGENABWEHR EINGELEGT HAT

FLOCKENSTIELIGER HEXENRÖHRLING

Haupte schwarz Käpplein klein, / Sagt, wer mag das Männlein sein, Das da steht im Wald allein / Mit dem kleinen schwarzen Käppelein?« Gesprochen: »Das Männlein dort auf einem Bein / Mit seinem roten Mäntelein / Und seinem schwarzen Käppelein / Kann nur die Hagebutte sein.«

Es gibt allerdings auch Leute, die sagen, dass es sich doch um einen Fliegenpilz handle. Entscheiden Sie!

RICHTIG IST, DASS DER FLIEGENPILZ seit jeher für Zauberrituale verwendet wurde. In der Rigweda, der Sammlung altindischer Lieder, wird der Fliegenpilz sogar zu einer Gottheit erhoben. Wegen seiner Rauschwirkung. Viele andere Völker benutzten den Fliegenpilz ebenfalls als Produzenten für bewusstseinserweiternde Erlebnisse. Die sicher oft auch beglückend waren. Und möglicherweise rührt daher die Symbolik des Glückspilzes.

Und das Gift? Vergiftungen mit dem Fliegenpilz passieren selten. Dazu ist der Pilz einfach zu leicht erkennbar. Ein Todesfall durch einen Fliegenpilz ist – wie schon gesagt – nicht bekannt.

Verzehrt man einen Fliegenpilz, kommt es zu Bauchschmerzen, Erbrechen und Durchfall, die Herzschläge werden unregelmäßig, es kann zu Unruhe und Angstgefühlen kommen. In der Regel klingen diese Symptome nach 10 bis 15 Stunden ab.

DER SUPER-GIFTPILZ-STAR. Zu den wichtigsten Pilzgiften zählt das Amanitin, das der Grüne Knollenblätterpilz in sich trägt. Er ist der Star unter den Giftpilzen in Europa. Oder besser: ein Antistar. 95 Prozent aller Vergiftungen mit Pilzen gehen auf ihn oder seine Verwandten zurück. Gelegentlich wird darauf hingewiesen, dass die Verwechslungen oft durch Besucher aus Osteuropa geschehen. Weil es dort einen Speisepilz gebe, der dem Gelben Knollenblätterpilz sehr ähnelt.

Nicht wenige Vergiftungen passierten auch kurz nach dem Zweiten Weltkrieg, als viele Hungernde in die Wälder gingen, um etwas Essbares zu suchen. Sie verwechselten häufig giftige mit essbaren Pilzen. Nach dem Verzehr vom Grünen Knollenblätterpilz starben im Jahr 1946 etwa 50 Menschen. Jedenfalls soweit man weiß. Heutzutage sind diese Vergiftungen seltener geworden, passieren aber dennoch. So liest man jedes Jahr in der Pilzzeit Meldungen wie die der »Berliner Morgenpost« vom 24. August 2010:

»VERGIFTETE PILZSAMMLER AUSSER LEBENSGEFAHR

Den sieben Pilzsammlern aus Berlin und Brandenburg geht es etwas besser. Einige von ihnen liegen jedoch noch immer auf der Intensivstation. Sie hatten sich an Knollenblätterpilzen vergiftet. Ihr Zustand sei gut und Anfangssymptome wie Erbrechen und Durchfall seien weg, sagte eine Sprecherin am Sonntag.

Auch die Leberwerte der vier Frauen und drei Männer hätten sich verbessert, die Gefahr von Leberversagen sei gesunken. Eine 60-jährige Patientin sei bereits von der Intensivstation auf die Normalstation verlegt worden, andere Patienten sollten folgen.

Die Pilzsammler aus Berlin und Brandenburg im Alter von 21 bis 87 Jahren … hatten giftige Knollenblätterpilze gegessen, die sie offenbar für Wiesenchampignons hielten …

Welche Pilzart sie genau aßen, sei nicht mehr nachvollziehbar. Hätten sie den stärker giftigen Grünen Knollenblätterpilz verzehrt, wäre es zu Leber- und Nierenversagen gekommen. Dann wären kurzfristig Transplantationen notwendig, um ihr Leben zu retten …

Die Charité appellierte erneut an alle Sammler, unbekannte Pilze nicht mitzunehmen oder im Zweifelsfall Pilzsachverständige zu befragen …«

ES GIBT SO SCHÖNE PILZNAMEN WIE BAUCHWEHKORALLE, KAHLER KREMPLING, LEUCHTENDER ÖLBAUMPILZ, PERLHUHNEGERLING, SCHÖNGELBER KLUMPFUSS, SPARRIGER SCHÜPPLING, SPITZBUCKLIGER ORANGESCHLEIERLING, WACHSSTIELIGER TRICHTERLING UND ZIEGELROTER RISSPILZ. ALLESAMT GIFTIG!

EIN GRÜNER KNOLLENBLÄTTERPILZ (Amanita phalloides) kann mit seinem Gift durchaus mehrere Menschen töten. Wird ein solcher Pilz verzehrt, kann es bis zu 12 Stunden dauern, bis sich die ersten Symptome zeigen, nämlich, wie in diesem Artikel erwähnt, Übelkeit, Erbrechen und Durchfall. Geht man hier gleich zum Arzt bzw. in die Klinik, kann erst einmal alles gut gehen wie bei den Charité-Patienten. Tückisch ist es, dass es weitere 2 bis 4 Tage später zu Komplikationen mit Leber- und Nierenversagen kommt. Der Patient stirbt an einem Leberkoma.
Und wie bei allen Giften, meinen etliche, sie auch zu ihren unehrenhaften Zwecken benutzen zu können. So ereignete sich im September 1993 in Uerikon bei Zürich ein besonderer Mordfall. Durch Injektion eines Presssaftes aus Grünen Knollenblätterpilzen brachten eine 25-jährige Frau und ihr gleichaltriger Freund den Ehemann der Frau um. Das Pärchen musste lebenslänglich ins Zuchthaus. Ja, ein Giftpilz ist eben keinen Pfifferling wert!

HEISST ›ESSBAR‹, IST ES ABER NICHT. Die Frühjahrslorchel (Gyromitra esculenta) ist einer der ersten Pilze im Frühling. Daher ja wohl der Name. Sie wächst zum Teil sogar in Straßengräben, ansonsten aber auf Waldlichtungen oder auf eher sandigem Boden, zum Beispiel in Kiefernwäldern. Die Frühjahrslorchel vertritt das dritte der vorzustellenden Hauptgifte, das Gyromitrin heißt und das die Leber und das Zentrale Nervensystem angreift. Schon der Verzehr eines einzigen Pilzes kann tödlich sein.
Lateinkundige Leser werden sich vielleicht gewundert haben, da doch das Wort ›esculenta‹ auf Deutsch ›essbar‹ bedeutet. Was die Frühjahrslorchel nun aber zweifelsfrei nicht ist. (Und wenn, dann eben nur ein einziges Mal!!!) In der Tat galt der Pilz früher einmal als Speisepilz. Und auch heute noch ist er in Skandinavien ein Esspilz: Das aber nur nach zweimaligem Abkochen, wobei das Wasser, in dem dann das Gift enthalten ist, beim zweiten Mal erneuert werden muss. Fachleute aber raten dringend davon ab. Bei uns ist es verboten, die Frühjahrslorchel als Speisepilz anzubieten bzw. zu verkaufen.
Auch hier wieder tritt nach einer Latenzzeit von 6 bis 12 Stunden die Vergiftung auf: Durchfall, Erbrechen, Bauch- und Kopfschmerzen. Nach der Erholungsphase kommt es bei schweren Vergiftungen einige Tage später zu Leberkomplikationen mit unter Umständen tödlichen Folgen.

IRREN IST TÖDLICH. Der Pantherpilz (Amanita pantherina) ist ein typischer Fall für Verwechslungen. Er sieht dem Fliegenpilz ein bisschen ähnlich. Und der gern gesammelte essbare Perlpilz und der Gedrungene Wulstling ähneln dem Pantherpilz sehr. Daher kommt es gelegentlich zu Irrtümern. Also bitte genau hinschauen! Aber ganz genau!
Die Ibotensäure ist das Hauptgift des Pantherpilzes, die der Fliegenpilz auch besitzt. Beim Pantherpilz ist der Anteil aber etwa doppelt so hoch. Darum beträgt die Latenzzeit bei einer Vergiftung teilweise nur etwa eine halbe Stunde. Man kann sagen, dass die Vergiftungssymptome dem eines schweren Alkoholrausches ähneln. Störungen der Persönlichkeit, des Orts- und Zeitgefühles, Weinen, Schreien, Toben usw. Zusätzlich kann es zu Halluzinationen und zu Krämpfen kommen.
Zur Behandlung wird wie bei allen Pilzvergiftungen zunächst einmal der Magen entleert, unter Umständen werden Abführmittel gegeben, um den Darm mitsamt Pilzresten zu entleeren.

DER ORANGEFUCHSIGE HAUTKOPF WAR DER PILZ DES JAHRES 2002

 UND AUCH TIERE müssen gelegentlich leiden. Per Zwang! So gab einmal der Mykologe J. OV. Krombholz (1782–1843) einem Grünfinken eine winzige Menge aus einem Pantherpilz-Absud:
»Ein sehr wilder Grünfink (Fringilla chloris) wurde wie der Guckuck behandelt. Er war sogleich traurig, furchtsam, schläfrig mit zwischen die Füsse sinkendem Kopfe, sträubigen Federn. Das Athmen mühsam, schnell; allgemeines Muskelzittern, Zuckungen, Schwanken im Gehen und Stehen, Niedersinken auf den Bauch; beständiges Drehen des Kopfes; Schlaf, Betäubung: Fallen nach der Seite; Verdrehung der glänzenden Augen. Nach einigen Stunden erholte sich der Vogel. Dieselben Erscheinungen gab auf 15 Tropfen Absuds ein Zeisig.«[36]

GARNIEREN! DINIEREN! DIE NIEREN! Der Orangefuchsige Hautkopf (Cortinarius orellanus) hatte Anfang der 1950er-Jahre zu einer Massenvergiftung in Polen geführt, an der mehr als 200 Menschen erkrankten und davon wiederum 25 starben. Seitdem wurde der Pilz oft ›Polentöter‹ genannt! Nach diesem Pilz wurde dann das Gift Orellanin benannt, das sich besonders auf die Nieren auswirkt: Zu den ersten Symptomen kann es teilweise nach einer Latenzzeit von 2 bis 17 (!) Tagen kommen. Sie beginnen mit starkem Durstgefühl, Müdigkeit, Appetitlosigkeit, Erbrechen, Durchfall, Nierenschmerzen, kein Urin mehr und wenn, dann befindet sich im Urin Blut und Eiweiß, es kommt zu einer chronischen Einschränkung der Nierenfunktion. Nierenversagen, das nicht behandelt wird, führt zum Tode.

DAS IST ZUM GLÜCK einem Österreicher und seiner Familie nicht passiert, die sich eine leckere Pilzmahlzeit zubereitet hatten. Vier (!) Tage später litt der Mann – und nur er – unter Schüttelfrost, Erbrechen und Schwindelgefühlen. Und was macht man dann? Zum Arzt gehen? Nein, das tat der Mann nicht. Er konnte sich sein Unwohlsein zunächst nicht erklären. Aber immerhin hatte er bald darauf den Verdacht, dass es etwas mit der Pilzmahlzeit zu tun haben könnte. Er ging ins Internet zum Stichwort ›Pilzvergiftungen‹ und wurde beim Orangefuchsigen Hautkopf fündig. Jetzt endlich machte er sich auf ins Krankenhaus und wurde mit einer Infusion behandelt … und kurz darauf bewusstlos! Nach zwei Blutwäschen ging es ihm dann wieder besser. Bleibt abzuwarten, ob seine Nieren Schaden genommen haben.

DER STAR DER PSILO-SZENE. Ein ganz besonderer Pilz ist der Spitzkegelige Kahlkopf (Psilocybe semilanceata). Er ist im eigentlichen Sinne nicht tödlich, dann aber wieder doch. Der Spitzkegelige Kahlkopf ist ein psychoaktiver Pilz, ein Rauschpilz. Mein Favorit der volkstümlichen Namen für diesen Pilz heißt Halluzipilz!
Ist das nicht ein wunderbarer Name? Wer erfindet eigentlich diese schönen offiziellen Namen wie eben Spitzkegeliger Kahlkopf? Ich würde auch gerne einmal Pilze benennen. Sie würden heißen:

- Schlappmöpsiger Dödeling
- Schrumpfkäsiger Stronzwiesel
- Außentüriger Brauser
- Riesenzwergling
- Mediokrer Grubbeling
- Ratloser Dichterling
- Gemeiner Priesterling
- Dicker Helmkohling

SEIT DEM MITTELALTER WURDE MUTTERKORN ZUR BLUTSTILLUNG BEI DER GEBURT VERWENDET

FRÜHJAHRSLORCHEL

PANTHERPILZ

DER SPITZKEGELIGE KAHLKOPF WÄCHST GUT AUF KUHFLADEN

SPITZKEGELIGER KAHLKOPF

ABER ICH WILL JA NOCH ERNSTHAFT über den Spitzkegeligen Kahlkopf reden. Ich sagte ja bereits, der Pilz ist tödlich giftig, dann aber doch nicht. Was heißt das?

Dieser Pilz wird, weil seine Wirkung der von LSD oder von Meskalin ähnelt, generell als Rauschpilz genutzt. Während des Rauschzustandes durch das Psilocybin treten Glücksgefühle, Enthemmung, Halluzinationen auf. Aber auch Angst, Unruhe, Depressionen sowie erhöhte Gewaltbereitschaft. Gelegentlich auch gegen sich selbst. So kann es dann eben passieren, dass sich jemand umbringt!

Man nimmt an, dass dieser Pilz auch schon im Mittelalter benutzt wurde, um sich in Trance, in Rauschzustände zu versetzen. Spitzkegelige Kahlköpfe sind wahrscheinlich schon seit über 10 000 Jahren in Italien heimisch. Darauf verweisen norditalienische »spätneolithische Felsbilder, die Darstellungen von Pilzen in schamanischen Zusammenhängen zeigen.«[37]

NACHDEM ABER DIE PSILO SZENE (andere Pilze mit Psilocybin sind der Dunkelrandige Düngerling oder etwa der Graue Dachpilz) immer größer wurde, haben einige der europäischen Länder dem offenen Verkauf bzw. dem Gebrauch dieser Pilze Einhalt geboten. So fallen etwa in Deutschland und in der Schweiz die psilocybinhaltigen Pilze unter das Betäubungsmittelgesetz.

Um es gleich zu sagen: Das Thema Rauschgift ist dermaßen umfassend und auch in vielen anderen Werken von weit kompetenterer Stelle dargestellt, dass ich es hier nicht weiter ausführen will. Jeder von uns weiß um die Nachteile des Nikotins, des Alkohols, des Koffeins, von Drogen wie Heroin oder Kokain oder von Drogen wie Tollkirsche oder Bilsenkraut. Drogenkonsum in regelmäßiger Form macht mehr oder minder abhängig, und damit wird ein Stück persönlicher Freiheit aufgegeben.

Ich möchte aber zum Ende der Pilzdarstellung noch auf einen Pilz eingehen, der gar nicht wie ein Pilz aussieht, der mir aber oft im Zusammenhang mit Kunstdarstellungen aufgefallen ist. Ich spreche vom Mutterkorn.

AUF DEM ROGGEN SITZEN DIE KLEINEN BROCKEN. Der Mutterkornpilz (Claviceps purpurea) ist ein Schmarotzerpilz, der meistens auf Roggenähren wächst. Er sieht aus wie ein Korn, ist etwa vier Zentimeter lang und drei Millimeter breit, also größer als ein Ährenkorn. Viele Jahrhunderte lang wusste man nicht um die Gefährlichkeit dieses Pilzes, der nach dem Verzehr von verseuchtem Roggenmehl im Altertum Ursache für heftige Epidemien war, von denen viele Dörfer und Städte befallen wurden.

Kribbeln in den Fingern und Zehen, Durchfall, erweiterte Pupillen und Durst sind die ersten Anzeichen einer Vergiftung. Es kommt zu Krämpfen und Lähmungen, Gefühllosigkeit in Armen und Beinen oder zu Gefäßverschluss. In früheren Zeiten kam es oft zu einem Absterben und folgender Amputation von Gliedmaßen.

Die Krankheit an sich war natürlich schon bekannt und gefürchtet. 1089 beschrieb der Mönch Sigbertus Gemblacensis eine Epidemie in Lothringen:

»Es war ein Seuchenjahr zumeist im westlichen Teil Lothringens, wo viele, deren Inneres ein verruchtes Feuer verzehrte, an ihren zerfressenen Gliedern, die schwarz wie Kohle wurden, Fäulnis erlitten. Sie starben elendiglich oder blieben einem noch elenderen Leben erhalten, nachdem die verfaulten Hände und Füße sich abgetrennt hatten.«[38]

VORHER HATTE MAN DIESE VERGIFTUNGEN immer als von Gott gegeben angesehen. Da der Schutzpatron der Vergifteten der Heilige Antonius war (aber nicht der aus Padua, sondern es handelt sich

MUTTERKORN AUF EINER ROGGENÄHRE

AUF DER BASIS DES MUTTERKORNGIFTES ENTDECKTE DER SCHWEIZER CHEMIKER ALBERT HOFMANN 1938 DAS LSD

um Antonius den Eremiten, der auch Antonius aus Ägypten genannt wurde), bezeichnete man die Krankheit als ›Antoniusfeuer‹.
Einer der ersten Berichte über eine Mutterkornepidemie stammt aus der Chronik des Xantener Klosters von 857. Von einer »abscheulichen Fäulnis, die Knochen der Betroffenen aufzehrt«, ist da die Rede. Und weiter:
»Es wütete eine große Plage mit Anschwellungen und Blasen unter dem Volke und raffte es durch eine entsetzliche Fäulnis hinweg, sodass Körperglieder sich ablösten und vor dem Tode abfielen.«[39]

IM XANTENER DOM steht ein Antoniusaltar, auf dem auf einer von insgesamt 18 Tafeln dieses ›ignis sacer‹, dieses ›Heilige Feuer‹, wie es auch genannt wurde, wiedergegeben ist. Die Darstellung bezieht sich auf eben jene Massenvergiftung durch Mutterkorn im Jahr 857. Man erkennt ein Opfer der Krankheit, dem als Folge der Vergiftung beide Unterschenkel fehlen.
Neben Matthias Grünewald, der auf seinem Isenheimer Altar Gestalten gemalt hat, von denen man heute meint, dass sie unter dem Antoniusfeuer leiden, gibt es auch im Triptychon »Das Jüngste Gericht« von Hieronymus Bosch einen Krüppel mit faulendem Fuß.
Erst im 17. Jahrhundert vermutete Denis Dodart, einer der Leibärzte von König Ludwig XIV., dass die Vergiftung mit dem Mutterkorn in Zusammenhang stehe. Das brachte jedoch die Kranken zunächst einer Heilung keinen Schritt näher.
Wie schon erwähnt, inzwischen weiß man, dass das Mutterkorn hauptsächlich auf Roggen wächst, dass es durch seine Gifte Ergotamin, Ergotoxin und Ergometrin sehr gefährlich ist. Eine der letzten Mutterkornepidemien brach übrigens 1926/27 in Südrussland aus. Mehr als 11 000 Menschen waren betroffen. Und noch im Jahr 1951 kam es in Frankreich zu einer Massenvergiftung durch verseuchtes Mehl. 300 Menschen erkrankten schwer und litten teilweise noch monatelang unter den Folgen.[40]
Am besten gedeiht der Mutterkornpilz nach einem nassen Frühjahr und einem sehr trockenen Sommer. Heutige Methoden der Getreide- und Mehlkontrolle haben eine mögliche Vergiftung fast gänzlich ausgeschlossen. Durch feinere Siebe, durch Farbscanner und durch Windsichtung wird das Getreide heute wirksamer gereinigt. Und es gibt inzwischen auch Roggensorten, die etwas resistenter sind.
SOWEIT ALSO MEINE KLEINE REISE durch die giftige Welt der Pilze. Eine Reise, um es zu wiederholen, die nur einen winzigen Ausschnitt aus der großen Welt der giftigen Pilze darstellen konnte. Und vielleicht ist auch hier wieder der Hinweis angebracht: Bei einer Vergiftung, ja schon beim Verdacht auf eine Pilzvergiftung sofort zum Arzt bzw. in eine Klinik gehen. Keine Hausmittel anwenden. Nicht herumdoktern, lassen Sie das den Arzt machen! Und genießen Sie besonders die guten, schmackhaften, essbaren Pilze. Und dazu vielleicht ein Pils!

IM HAUSHALT LAUERT DAS GIFT IN ALLEN ECKEN UND SCHRÄNKEN

DEUTSCHE VERBRAUCHER HABEN IM JAHR 2000 FÜR WASCH-, SPÜL- UND PUTZMITTEL UMGERECHNET 3,8 MILLIARDEN EURO AUSGEGEBEN

FLÜSSIGES NIKOTIN

Ofenspray, Abbeize, Holzleim, Viehsalz, Medikamente, Toilettenduftstein, Duftöl, Grillanzünder, Feuerlöschpulver, Benzin, Möbelpolitur, Lampenöl! (Aus Schlagzeilen, womit sich Kinder vergiftet haben)

UND ZU HAUSE? Was macht man nach einem leckeren Pilzgericht? Natürlich Geschirr abwaschen. Ob mit Hand oder mit der Maschine, dazu nimmt man ein Spülmittel. Und das ist in der Regel kräftig grün oder schön gelb. Und diese leuchtenden, kräftigen Farben sind es, die für Kinder oft so anziehend sind.
Vergiftungen im Haushalt betreffen nach den Erfahrungen der Giftnotrufzentralen in erster Linie Kinder. Kinder sind neugierig, probieren aus, gehen auf Erkundung. Erst in zweiter Linie betreffen die Vergiftungen im Haushalt Erwachsene. Speziell alte Menschen oder zum Beispiel Sehbehinderte, die sich auch mal in der Flasche vertun.
ERINNERN SIE SICH NOCH an den Orangefuchsigen Hautkopf, den Pilz, der eine Latenzzeit von bis zu 17 Tagen hat? 17 lange Tage, eine erschreckend lange Zeit, in denen die Organe geschädigt werden, ohne dass der Mensch etwas bemerkt. Aber nichts, gar nichts, im Vergleich zu vielen Alltagsgiften, die im Körper angereichert und gespeichert werden und die eine Latenzzeit von bis zu 30 Jahren (!) haben. Im Körper werden übrigens diese Gifte meistens im Fettgewebe gespeichert.
»In den Industrienationen gibt es keinen Menschen, der nicht eine Vielzahl der Alltags- und Umweltgifte im Körper speichert.«[41]

UNSER ALLER GIFTHÖLLE. Unsere Haushalte sind eine wahre Gifthölle. Man denkt gar nicht mehr darüber nach, dass da in der Küche Bleichmittel, Entkalker, Geschirrreiniger und Putzmittel stehen. Allesamt giftig! Im Badezimmer finden Sie Rohrreiniger, Medikamente, Kosmetika mit giftigen Inhaltsstoffen. Im WC den Duftstein, das Desinfektions-

DER RAUCH EINER ZIGARETTE ENTHÄLT ETWA 1,5 MILLIGRAMM FORMALDEHYD

mittel oder das Waschpulver. Im Wohnzimmer möglicherweise Duftöl, Spirituosen und Tabak. In der Garage Autopflegemittel, Benzin und Frostschutzmittel. Und und und … schauen Sie sich um, wenn Sie noch einen Dachboden haben, eine Waschküche, eine Abstellkammer.

Und glauben Sie bitte nicht, dass es nur mit der ständigen Aufnahme und Anreicherung getan ist. Genauso gut vergiften sich nämlich die Menschen akut mit diesen Substanzen. Nicht selten passiert es, dass jemand Geschirrspülmittel in eine andere Flasche umfüllt. Etwa in einem Ulmer Restaurant: »Restaurant serviert Glasreiniger statt Wasser – Frau im Koma«.

So hieß seinerzeit die Schlagzeile. Jemand füllte in dem Restaurant die ätzende Flüssigkeit aus der Originalflasche um in eine Mineralwasserflasche. Was schon mal ziemlich dumm ist. Aber noch dümmer und gefährlicher ist es, diese Flasche dann nicht zu kennzeichnen. So wurde der Frau die Flüssigkeit als Mineralwasser serviert. Das Mittel verätzte den Mund, den Rachen und die Speiseröhre. Und auch der Ehemann und der Kellner, die nach einer ersten Beschwerde das ›Wasser‹ probierten, erlitten leichtere Verletzungen. Nach Angaben des Restaurantpersonals wurde diese Umfüllerei immer auf diese Weise gehandhabt, weil man so leichter mit dem Glasreiniger hantieren könne!!! Verstehen Sie das? Jedenfalls war die Frau so schwer verätzt, dass sie in ein künstliches Koma versetzt werden musste.

IM ALLGEMEINEN WISSEN WIR ALLE um die Giftigkeit der Substanzen, die in unserem Haushalt so einfach greifbar sind. Aber kennen wir uns auch im Einzelfall aus? Wissen wir auch um die Gefährlichkeit der Kombination von verschiedenen Mitteln? Wer weiß schon genau, was im neuen Hemd für eine Chemikalie ist, welchen Stoff nuckelt das Baby so in sich hinein, was ist das für ein Stoff, der mein Auto noch nach einem Jahr neu riechen lässt?

REACH. Seit Kurzem aber haben wir Verbraucher das Recht, von den Firmen zu erfahren, ob eine bestimmte Substanz aus einer 30 Stoffe enthaltenden Liste besorgniserregender Zusätze in deren Produkt steckt (Ende 2010). Es sind Stoffe, die Krebs auslösen oder etwa fortpflanzungsgefährdend sind.

REACH (›Registration, Evaluation, Authorisation and Restriction of Chemicals‹) heißt ein EU-Projekt, demzufolge Altchemikalien durchgetestet werden. Und die Kandidatenliste für gefährliche Chemikalien wird natürlich ständig erweitert.

Selbstverständlich gibt es unbedenkliche Grenzwerte für einzelne Inhaltsstoffe. Aber die sind insofern nicht sehr aussagekräftig, da sie für gesunde Menschen gelten. Und Kinder? Welche Grenzwerte gelten für sie?

Dieser Teil des Buches kann bei der unendlichen Menge der Stoffe und deren möglichen Kombinationen keine Aufklärung leisten. Aber vielleicht können diese wenigen Angaben das Bewusstsein schärfen für die Giftigkeit unserer Umgebung. Viele Organisationen geben auch Tipps, wie man bestimmte Chemikalien vermeiden kann.

Und hier als Beispiel drei von verschiedenen Organisationen empfohlene Vorsichtsmaßnahmen, um den Kontakt mit schädlichen Chemikalien im Alltag zu vermeiden. Und da das Leben, wie alles, ein Lottospiel ist, füge ich noch hinzu: Ohne Gewähr!

› Haben Sie ein Baby, kaufen Sie nur Nuckelflaschen aus Glas und nicht aus Kunststoff!
› Viele Geschäfte, nicht nur Bioläden, bieten inzwischen zum Beispiel umweltfreundliche Reinigungsmittel und Kosmetika an. Und auch ökologisch erzeugte Lebensmittel.
› Statt der chemischen Fleckenentferner Gallseife benutzen, ein Seifenprodukt aus Kernseife und Rindergalle. Ein wahres Wundermittel!

DIOXIN

SEVESO IST ÜBERALL

GIFTIGE DÄMPFE NACH DEM CHEMIEUNFALL IN JINHUAN, CHINA, 17. SEPTEMBER 2012

BHOPAL – ÜBERLEBENDE DES CHEMIEUNFALLS VON 1984 DEMONSTRIEREN.

»Wir sind es unseren Mitbürgern schuldig, alles zu unternehmen, damit eine solche Tragödie wie in Bhopal nie wieder passiert«. (Indiens Regierungschef Manmohan Singh)

Dort, wo Gifte hergestellt oder in größeren Mengen verbraucht werden, etwa in der Fabrik, muss noch mehr Sorgfalt angewendet werden. Kommt es da zu einer Panne, ist die Katastrophe da. Eine Fläche von etwa 40 Quadratkilometern wurde im Oktober 2010 in Ungarn mit Giftschlamm verseucht. In den beiden Ortschaften Kolontár und Devecser gab es neun Tote und 150 Verletzte, als ein Auffangbecken für 750 000 Kubikmeter giftigen Bauxitschlammes brach.
Das war aber ein Klacks gegen den folgenreichsten Unfall der Chemieindustrie in Bhopal. Am 3. Dezember 1984 waren in der Pestizidfabrik von Union Carbide im indischen Bhopal circa 40 Tonnen des hochgiftigen Methylisocyanat ausgetreten.

IN DER FOLGE STARBEN ETWA 15 000 MENSCHEN. Man spricht weiter von circa 100 000 Frauen, Männern und Kindern, die an dem ausgetretenen Gas chronisch erkrankten. Der Boden und das Grundwasser sind bis heute verseucht. Die Fabrik gibt es zwar nicht mehr, aber es sollen dort immer noch tonnenweise Chemikalien in Teichen lagern. Erst 25 Jahre nach dem Unglück wurden die ersten Haftstrafen für die Schuldigen ausgesprochen!
Ein paar Jahre vorher, nämlich 1982, wurde eine ganze Stadt wegen eines Giftunfalls dem Erdboden gleichgemacht. Times Beach im amerikanischen Bundesstaat Missouri – die Stadt lag an der berühmten Route 66 – hatte etwas mehr als 2000 Einwohner, als im November 1982 bekannt wurde, dass durch eine Firma dioxinbelastetes Altöl

SCHON WENIGER ALS EIN MILLIGRAMM DIOXIN IST TÖDLICH FÜR DEN MENSCHEN

zum Beispiel in Pferdeställen entsorgt worden war. Wie es hieß, um das Aufwirbeln von Staub in den Ställen und auf den unbefestigten Straßen des Ortes zu verhindern. Als immer mehr Pferde starben, begann man, die Sache zu untersuchen, und entdeckte das Dioxin. Kurz darauf gab es vom nahe gelegenen Fluss her ein Hochwasser, welches das Dioxin weiter im Ort verteilte. Einige Monate später wurde die Stadt evakuiert, der kontaminierte Boden abgetragen und in einer Verbrennungsanlage entsorgt. 200 Millionen Dollar kostete die vollständige Sanierung, in der auch der Abriss der Verbrennungsanlage sowie die Errichtung eines Parks auf dem ehemaligen Gelände der Stadt inbegriffen waren. Zum Glück gab es unter den Bewohnern keine Opfer. Zumindest soweit es bekannt ist. Denn Dioxin gilt als einer der gefährlichsten chemischen Stoffe überhaupt.

DER SCHLIMMSTE UNFALL MIT DIOXIN EREIGNETE SICH 1976 IM NORDITALIENISCHEN SEVESO. Nach einer Kesselexplosion in einer Chemiefabrik zog eine giftige weiße Wolke über den Ort. Ein letztes Resümee der Katastrophe lässt sich gar nicht ziehen. Viele Bewohner bekamen die Nachricht von dem Unglück erst spät. Man vermutet, dass etwa ein Kilogramm Dioxin bei dem Unfall freigesetzt wurde, das bedeutet, dass man damit theoretisch Millionen von Menschen umbringen könnte. Erstes Anzeichen der Vergiftung waren verdorrte Felder, dann starben in den Tagen darauf viele Kleintiere.
Untersuchungen haben später ergeben, dass in der Folgezeit bei Menschen Blut-, Leber- und Knochenkrebs sowie Erkrankungen der Atmungsorgane in erhöhtem Maße auftraten. Auch hier wurde wieder der Boden abgetragen. Man errichtete einen Gedenkpark, den Bosco delle Querce, den ›Eichenwald‹.

KLEINE AUSWAHL GROSSER KATASTROPHEN! Denn es gab natürlich noch mehr. Wie etwa:
1956 Eine Chemiefabrik in der Fischerstadt Minamata auf der japanischen Insel Kyushu leitet Quecksilberrückstände ins Meer. 138 Menschen sterben, nachdem sie vergifteten Fisch gegessen haben.

1979 In Toronto / Kanada entgleist ein mit Chemikalien beladener Güterzug und explodiert. 250 000 Menschen flüchten vor den giftigen Gasen. Zum Glück gibt es in diesem Fall keine Verletzten oder gar Tote.

1986 Nach einem Brand im Baseler Werk der Firma Sandoz gelangen giftige Substanzen in den Rhein. Hunderttausende Fische verenden elendiglich.

Auch wenn Chemikalien, selbst giftige, aus unserem Leben nicht mehr wegzudenken sind und ihre positive Bedeutung für den Menschen unbestritten ist, sind sie eben oft auch Dämonen, die man nicht immer beherrscht. Und plötzlich steht man an der »Pforte zur Hölle«, wie es der französische Autor Jean de Maleissye nennt. Bei aller Vorsicht ist es für viele doch Routine, mit einem Stoff umzugehen, der gefährlich sein kann. Und so passieren trotz aller möglichen Vorsichtsmaßnahmen durch Fahrlässigkeit solche Katastrophen. Insgesamt gesehen ist dieses Kapitel kein schöner Teil meines Spaziergangs durch die Welt der Gifte gewesen!
Was man vom nächsten auch nicht sagen kann. Immerhin aber geht es da zum Teil hoch her, Gefühle werden ausgelebt und von unvorsichtigem Hantieren mit Gift kann schon gar nicht die Rede sein. Nein, Giftmörder handeln gezielt und ganz bewusst!

GIFTMORDE

Gift

IST WEIBLICH, SAGT MAN

DIES HIER DER BLOCK UND DORTEN KLAFFT DIE GRUFT.
LASST EINMAL NOCH MICH ATHMEN DIESE LUFT,
UND MEINE LEICHENREDE SELBER HALTEN.
WAS SCHAUET IHR MICH AN SO GRAUSENVOLL?
ICH FÜHRTE KRIEG, WIE JEDER THUT UND SOLL,
GEN FEINDLICHE GEWALTEN.
ICH THAT NUR EBEN, WAS IHR ALLE THUT,
NUR BESSER; DRUM, BEGEHRET IHR MEIN BLUT,
SO THUT IHR GUT.

ES SINNT GEWALT UND LIST NUR DIES GESCHLECHT;
WAS WILL, WAS SOLL, WAS HEISSET DENN DAS RECHT?
HAST DU DIE MACHT, DU HAST DAS RECHT AUF ERDEN.
SELBSTSÜCHTIG SCHUF DER STÄRK'RE DAS GESETZ,
EIN SCHLÄCHTERBEIL ZUGLEICH UND FANGENETZ
FÜR SCHWÄCHERE ZU WERDEN.
DER HERRSCHAFT ZAUBER ABER IST DAS GELD:
ICH WEISS MIR BESS'RES NICHTS AUF DIESER WELT,
ALS GIFT UND GELD.

ICH HABE MICH AUS TIEFER SCHMACH ENTRAFFT,
VOR KINDERMÄRCHEN RUHE MIR GESCHAFFT,
DIE SCHRECKEN VOR GESPENSTERN ÜBERWUNDEN.
DAS GIFT ERSCHLEICHT IM DUNKELN GELD UND MACHT,
ICH HAB' ES ZUM GENOSSEN MIR ERDACHT,
UND HAB' ES GUT BEFUNDEN.
HINUNTER STIESS ICH IN DAS SCHATTENREICH
MANN, BRÜDER, VATER, UND ICH WARD ZUGLEICH
GEEHRT UND REICH.

DREI KINDER WAREN DENNOCH MIR ZUR LAST,
DREI KINDER MEINES LEIBES; MIR VERHASST,
ERSCHWERTEN SIE MEIN ZIEL MIR ZU ERREICHEN.
ICH HABE SIE VERGIFTET, SIE GESEHN,
ZU MIR UM HILFE RUFEND, UNTERGEHN,
BALD STUMME, KALTE LEICHEN.
ICH HIELT DIE LEICHEN LANG AUF MEINEM SCHOOSS
UND SCHIEN MIR, SIE BETRACHTEND THRÄNENLOS,
ERST STARK UND GROSS.

NUN FRÖNT ICH SICHER HEIMLICHEM GENUSS,
MEIN GIFT VERWAHRTE MICH VOR ÜBERDRUSS
UND LIESS DIE ZEUGEN NACH DER TAT VERSCHWINDEN.
DAS LUST AM GIFT, AM MORDEN ICH GEWANN,
WER, WAS ICH TAT, ERWÄGT UND FASSEN KANN,
DER WIRD'S BEGREIFLICH FINDEN.
ICH TEILTE GIFT WIE MILDE SPENDEN AUS
UND WEILTE LÜSTERN AUGES, WO IM HAUS
DER TOD HIELT SCHMAUS.

ICH HABE MICH ZU SICHER NUR GEGLAUBT
UND BÜSS ES BILLIG MIT DEM EIGNEN HAUPT,
DASS ICH DER VORSICHT EINMAL MICH BEGEBEN.
DEN FEHL, DEN EINEN FEHL BEREU ICH NUR
UND GÄBE, ZU VERTILGEN DESSEN SPUR,
WIE VIELE EURER LEBEN!
DU, SCHLACHTE MICH NUN AB, ES MUSS JA SEIN.
ICH BLICKE STARR UND FEST VOM RABENSTEIN
INS NICHTS HINEIN.[42]

HINRICHTUNG EINER GIFTMÖRDERIN IN INSTERBURG UNTER HEFTIGEM WIDERSTAND

ICH TEILTE GIFT WIE MILDE SPENDEN AUS / UND WEILTE LÜSTERN AUGES, WO IM HAUS / DER TOD HIELT SCHMAUS.

Das obige Zitat stammt aus der Ballade »Die Giftmischerin« von Adelbert von Chamisso. Er schrieb sie 1828 unter dem Eindruck der Verhaftung der Giftmörderin Gesche Gottfried (siehe vorherige Seite).

DIE BREMERIN GESCHE MARGARETHE GOTTFRIED, 1798 geboren, gilt als eine der schlimmsten Serienmörderinnen ihrer Zeit. Ihre Bremer ›Karriere‹ begann mit dem Mord an ihrer Freundin Lucie. Bei ihrer Mutter hatte Gesche Gottfried gesehen, wie Mäuse mit Mäusebutter umgebracht wurden. Das war Butter, die mit Arsen versetzt und eben für die Bekämpfung der Mäuseplage gedacht war. Mit Arsen vergiftete Gesche Gottfried ihre Freundin, die unter schweren Symptomen mit Krämpfen starb. Listigerweise hielt die Gottfried die Doctores davon ab, den Leichnam ihrer Freundin genauer zu untersuchen, indem sie von der Würde der Verstorbenen redete. Außerdem pflegte sie den Vater der Ermordeten und räumte derweil sein und seiner ermordeten Tochter Haus und deren Geldbörse leer.

Aber schon früher gab es giftige Zeiten. Ihr erster Mann war nicht so reich, wie sie es erhofft hatte, und außerdem ein brutaler Typ. Folglich: Arsen her, und er prügelte nicht mehr! Hermann Gottfried war der Nächste, mit dem sie sich zusammentat, doch der überlegte sehr lange, sie zu heiraten. Zu lange für ihren Geschmack! Also: Arsen her, und sie zog Herrn Gottfried aus dem Verkehr. Sie hatte ihn jedoch noch auf seinem Totenbett geheiratet und erbte so sein Vermögen.

Und so lange sie nicht selber starb, ließ sie sterben, bis es aufkam. Wegen 6-fachen Mordverdachts. Aber die 43-Jährige bot mehr: Vor Gericht gab sie zu, zwischen 1813 und 1827 16 Menschen vergiftet zu haben. Bei zugegebenen 30 Mordversuchen mit 16 Toten sozusagen ein Verhältnis von ›fifty gifty‹! Unter den Ermordeten waren übrigens auch ihre Eltern und Kinder. Eines ihrer überlieferten Zitate lautet:

»Man schaudert doch sonst vor dem Bösen; allein das war nicht bei mir der Fall; ich konnte mit Lust Böses tun.«[43]

1831 WURDE AN GESCHE GOTTFRIED die letzte öffentliche Hinrichtung in Bremen vollzogen. Und warum diese ganzen Morde? Zeit ihres Lebens fühlte sie sich unterdrückt, eingeengt und belastet durch ihre Umgebung.

»Der perfekte Giftmord, den Gesche Gottfried verübte, bedeutet eine ausgetüftelte, subtile Strategie, seinen Willen durchzusetzen oder Rache zu nehmen. Er stellt ein Ventil dar, unterdrückte Gefühle auf eine seltsam stumme und stille Art entweichen zu lassen, die sich im unwissenden Opfer in qualvollen Krämpfen und furchtbaren Entstellungen ausdrücken und Gestalt annehmen. … Wäre Gesche Gottfried zu helfen gewesen, falls sie einhundertfünfzig Jahre später gelebt hätte? Darüber lässt sich spekulieren. Solange sie eine freie Bürgerin war, tat sie, was sie nicht lassen konnte.«[44]

FÜR VIELE WAR SIE BEISPIEL eines tragischen Lebens. Ein Leben, dem sie nicht entkam. Sie suchte Zuneigung, Anerkennung, die sie aber nicht fand. Sie kompensierte das durch Hilfestellungen, Pflegetätigkeiten … und eben durch Mord.

Ein Fall, der schon damals für viel Aufsehen sorgte und auch die Moritatendichter anregte:

DARSTELLUNG DER FREVELTATEN der Giftmischerin Witwe Gottfried in Bremen:

»Geduld! Die Zeit macht alles klar, / Was noch so tief verborgen war. Die Mördrin Gottfried, einst bekannt / Als brave Frau im ganzen Land / Sie heuchelte den frommen Schein, / Um ganz der Bosheit sich zu weihn. / Als fromme Christin trat sie auf, / Doch schaudernd war ihr Lebenslauf. / Zwei Männer sandt' sie in das Grab. / Den Tod sie ihren Kindern gab, / Und die um ihre Hand wohl warben, / Die mordete sie ohn' Erbarmen. / Durch Zufall ward es offenbar, / Daß sie des Giftes Mischrin war – / So wurde auch das Sprüchwort wahr: Geduld! Die Zeit macht alles klar! / Mit enger List und Büberei Trieb sie des Frevels mancherlei, / Verschonte nicht des Blutes Band, In ihrem und im Nachbarlande. – / Sie raubte fremdes Gutes viel Und rührte nicht der Mordlust Ziel – Doch endlich kam es an den Tag, Was ein so enges Weib vermag. Nun sitzt sie in dem finstern Haus Und beichtet ihre Laster aus; Groß ist die Masse ihrer Sünden, / Wo kann sie so Vergebung finden? / Wenn das Gewissen ist erwacht, Der Donner des Gesetzes kracht, / Dann wird noch manches offenbar: / Die Zeit macht alles hell und klar! / So geht es in der engen Welt, / Wenn man nicht fest an Gott sich hält / Und in so langer, langer Zeit / Sich ruchlos jedem Laster weiht – / Und nie gedacht der Bosheit Saat: / Die Rache folgt der Freveltat – / Drum jede Sünde meid und flieh, / Und handle christlich spät und früh!«[45]

Ja, sie war schon recht mörderisch in ihrem Leben, diese Gesche Margarethe Gottfried. Im Allgemeinen gilt es als ausgemacht, dass Giftmorde eine weibliche Sache seien. Liest man Giftmord-Chroniken, so überwiegen in der Tat Frauen als Täterinnen. Den Giftboy brauchen wir also nicht zu suchen! »Im Lexikon der Serienmörder« finden sich

HEUTZUTAGE SIND ARZNEIMITTEL DAS BELIEBTESTE GIFT ZUM TÖTEN

31 Giftmischerinnen und nur 3 männliche Kollegen. Typischerweise oft Ärzte oder Apotheker, die eben auch Zugang zu Giften haben. Allerdings ergab sich das gegenteilige Resultat in einem anderen interessanten – in diesem Fall italienischen – Werk: »365 delitti – uno al giorno« (»365 Verbrechen, eines pro Tag«). In ihm finden sich 17 Giftmorde: Davon wurden 11 von Männern begangen und nur 3 von Frauen. Beim Rest war man sich nicht sicher, wer der Täter war. Aber, um es zu wiederholen, generell spricht man davon, dass Frauen eher zum Gift greifen als Männer.

»Aber nicht, weil Frauen, wesentlich raffinierter, ideenreicher und hinterhältiger wären als die einfallslosen ›Hau-drauf-Männer‹, sondern weil Giftmorde ohne Kraftaufwand in die Tat umgesetzt werden können. Und primitive körperliche Gewalt ist nun einmal die Domäne der Männer. Was aber nicht heißt, dass Giftmorde vorwiegend von Frauen begangen werden. Aber während bei den Männern der Griff zum heimtückischen Gift nur eine untergeordnete Rolle hinsichtlich der Wahl der Tatmittel spielt – hier dominiert einsam an der Spitze noch immer das gute alte Messer – greifen angeblich die meisten Mörderinnen noch immer zu Gift, meist zu Rattengift oder E 605.«[46]

DER SCHREIBER OBIGER ZEILEN muss es wissen. Es ist Josef Wilfling, lange Jahre Mordermittler und Leiter der Mordkommission in München. Und mit Rattengift sind in der Regel Stoffe gemeint, die die Blutgerinnung stören wie das Warfarin, wobei der Mensch innerlich verblutet.

DIE APOTHEKERIN DR. ERIKA EIKERMANN untersuchte für ihre Doktorarbeit rund 40 Giftmorde der letzten 200 Jahre. Und warum Frauen eher zu Gift greifen, erklärte sie im Juni 2008 in der SWR-TV-Sendung »Odysso« so: »Die traditionelle Rolle der Frau war es, sich zu Hause um die Kinder zu kümmern, das Essen zu kochen, und sie musste auch die Kranken pflegen. Dadurch bekam sie detaillierte Kenntnisse über Stoffe aus der Natur. Diese Stoffe waren zum einen Lebensmittel, dienten als Arzneimittel, konnten aber auch, in entsprechender Dosis, vergiften.«[47]

GIFT UND FRAUEN – das könnte man auch so übersetzen: »Arsen und Spitzenhäubchen«, wie der Titel des Films von Regisseur Frank Capra lautet. Und wie erklärte Martha, eine der Brewster-Schwestern, ihrem Neffen (Cary Grant), dass ein Mann ziemlich tot bei ihnen in der Truhe liegt?

»Der Herr ist gestorben, weil er vergifteten Wein getrunken hat … Wir haben es hineingetan, weil man es da nicht so merkt. Im Tee hat es einen so unangenehmen Geruch.«

Und was haben sie da hineingetan?

»Auf vier Löffel Holunderwein nehme ich einen Teelöffel Arsenik, und dazu kommt noch ein halber Teelöffel Strychnin und dann zum Schluss noch eine ganz kleine Prise Zyankali«,

erklärt Abby, die andere Schwester. Und fügt noch hinzu: »Einer unserer Herren hatte sogar noch die Zeit zu sagen: Wie köstlich!«

ES IST GANZ TYPISCH, dass hier (auch) Arsen verwendet wurde. Arsen, das überall in geringer Konzentration vorkommt, ist geruchs- und geschmacklos. Früher wurde es als Rattengift verwendet. Und mit dieser Begründung erhielt man es ohne Probleme. Auch setzte man es als Medizin ein. So weiß man, dass der Arzt von James Maybrick, der als einer derer gehandelt wurde, die unter dem Namen Jack The Ripper mordeten, ihm gegen Malaria Strychnin und Arsen verabreichte. Und Maybricks Frau kaufte Fliegenpapier und löste das darin enthaltene Arsen auf, um ihren Gatten damit ins Jenseits zu befördern!

DIE SPEISEN FÜR DEN AMERIKANISCHEN PRÄSIDENTEN WERDEN VOR DEM SERVIEREN VON BIOCHEMIKERN ANALYSIERT

Abgesehen von vielen Berühmtheiten, die das Mittel zielgerichtet (aber nicht gegen Ratten!) verwendeten, gab es mit ziemlicher Sicherheit jede Menge anderer Arsenopfer, von denen niemand weiß. Eine Koryphäe in dieser Hinsicht war die Marquise de Brinvilliers, über die später noch zu reden sein wird.

Das weiße Arsen (Arsenicum album) war leicht verfügbar, was an den Spruch von Friedrich Schillers Räubergesellen Schwarz erinnert: »Kann man nicht auf den Fall immer ein Pülverchen mit sich führen, das einen so im stillen übern Acheron fördert, wo kein Hahn danach kräht!«

JA, DIESES PÜLVERCHEN WAR, wie schon gesagt, geruchs- und geschmacklos, ein paar Mal eingegeben, und schon erbte man. Weswegen das Mittel auch ›poudre de succession‹ genannt wurde: ›Erbschaftspulver‹!

Was da gegeben wurde, war aber selten reines Arsen, sondern es waren immer Arsenverbindungen, von denen die Rede ist.

DAS STERBEN DURCH EINE ARSENVERGIFTUNG war (und ist) kein schönes Sterben! Krämpfe, Übelkeit, innere Blutungen, Koliken, Kreislaufversagen sind einige der Symptome. Nimmt man über eine längere Zeit Arsen zu sich, kommt es zu Tumoren der Haut, Lunge oder Leber. Die tödliche Dosis für den Menschen liegt bei 60 bis 170 Milligramm bzw. bei einer Einnahme von 1,4 Milligramm pro Körpergewicht.

Und wie so ein Arsensterben abläuft, hat Gustave Flaubert genau beschrieben in seinem Roman »Madame Bovary«. Diese bringt sich am Ende mit Arsen um. Flaubert konnte das so präzise beschreiben, da er aus einer Arztfamilie stammt. Ich fasse die von ihm beschriebenen Symptome einmal etwas zusammen, auch wenn das literarisch nicht sehr fein ist (Pardon, Monsieur Flaubert!):

»Ein bitterer Geschmack im Munde weckte sie auf. Sie sah Karl … verschwommen … und schloss die Augen wieder … Der abscheuliche Tintengeschmack war immer noch da. ›Ich habe Durst, großen Durst!‹, seufzte sie. … Ein Brechreiz überkam sie jetzt so plötzlich, dass sie kaum noch Zeit hatte, ihr Taschentuch unter dem Kopfkissen hervorzuziehen … Inzwischen fühlte sie eine eisige Kälte von den Füßen zum Herzen hinaufsteigen. … Sie warf den Kopf in unterdrückter Unruhe hin und her. Fortwährend öffnete sie den Mund, als läge etwas Schweres auf ihrer Zunge. Um acht Uhr fing das Erbrechen wieder an. … Ein Schüttelfrost überfiel sie. Sie wurde bleicher als das Betttuch, in das sich ihre Finger krampfhaft einkrallten. Ihr unregelmäßiger Pulsschlag war kaum noch fühlbar. Kalte Schweißtropfen rannen über ihr bläulich gewordenes Gesicht; etwas wie ein metallischer Ausschlag lag über ihren erstarrten Zügen. Die Zähne schlugen ihr klappernd aufeinander. Ihre erweiterten Augen blickten ausdruckslos umher. … Allmählich wurde das Stöhnen heftiger. Ein dumpfes Geheul entrang sich ihr …«[48]

UND DAS WICHTIGSTE FÜR DIE ›ARSENSENMÄNNER‹ dabei: Es war bis zum Jahre 1836 nicht nachweisbar. Wie praktisch! Aber so wie die böse Tat am Ende aufkommt, so kam eines Tages der englische Chemiker des Königlich Britischen Arsenals in Woolwich James Marsh, der ein valides Verfahren entwickelte, mit dem man das Arsen nachweisen konnte. Mit einigen Verbesserungen seiner Apparatur konnte man später noch ein zehntel Milligramm im Körper eines Vergifteten nachweisen. Noch heute führen die Chemiestudenten zum Arsennachweis die Marsh'sche Probe durch. Die Mörder konnten sich fortan nicht mehr so sicher sein. Und schon gar nicht Marie Lafarge.

DEREN MANN, CHARLES JOSEPH POUCH-LAFARGE, starb 1840 nach elftägigem Martyrium in seinem Bett im Schloss von Le Glandier.

Vorher aber konnte er noch den Ärzten sagen:
»Es war Marie, meine Frau. Sie hat mich mit Arsen vergiftet.«[49]
Was Madame Lafarge aufs Heftigste abstritt. Das nützte aber nichts, das Gericht verurteilte sie zu lebenslanger Zwangsarbeit. 12 Jahre später, 1852, kam sie auf Befehl Napoleons III. frei und starb noch im September desselben Jahres. So wurde sie nicht als Massenmörderin berühmt, aber als erste Giftmörderin, bei deren Prozess das Gericht den Nachweis von Arsen anerkannte.
Weitaus berühmter übrigens wurde eine ganz andere Frau, die von sich selbst gesagt haben soll:
»Seit Lucrezia Borgia bin ich die Frau, die am meisten Menschen umgebracht hat, allerdings mit der Schreibmaschine.«

UND DIESE FRAU HIESS AGATHA CHRISTIE, die sich mit Giften gut auskannte. Zu ihrem Leidwesen holte sich der englische Massenmörder Graham Young die Anregung für seine Mordserie mit Thallium aus ihren Geschichten.
ABER ZURÜCK ZU LUCREZIA BORGIA. Die Historiker sind sich heute nicht mehr ganz so sicher, dass diese Frau, auf die Agatha Christie verwies, wirklich so viele Menschen vergiftet hat, wie man bisher annahm. Vieles entstammte wohl der Gerüchteküche, wurde weitererzählt oder etwa von Gaetano Donizetti als Oper, »Lucrezia Borgia«, komponiert und verfestigte sich dann in späteren Zeiten langsam zur Gewissheit.
Gesichert aber sind die Taten oder besser gesagt die Untaten der 1630 geborenen Marquise de Brinvilliers. Rache und Geldgier waren ihre Motive. Erst wurde sie mit dem Marquis de Brinvilliers verheiratet. Sie hatte aber einen Geliebten, den Offizier Sainte-Croix, den der Vater der Marquise aus Wut gegen diese Verbindung wegen

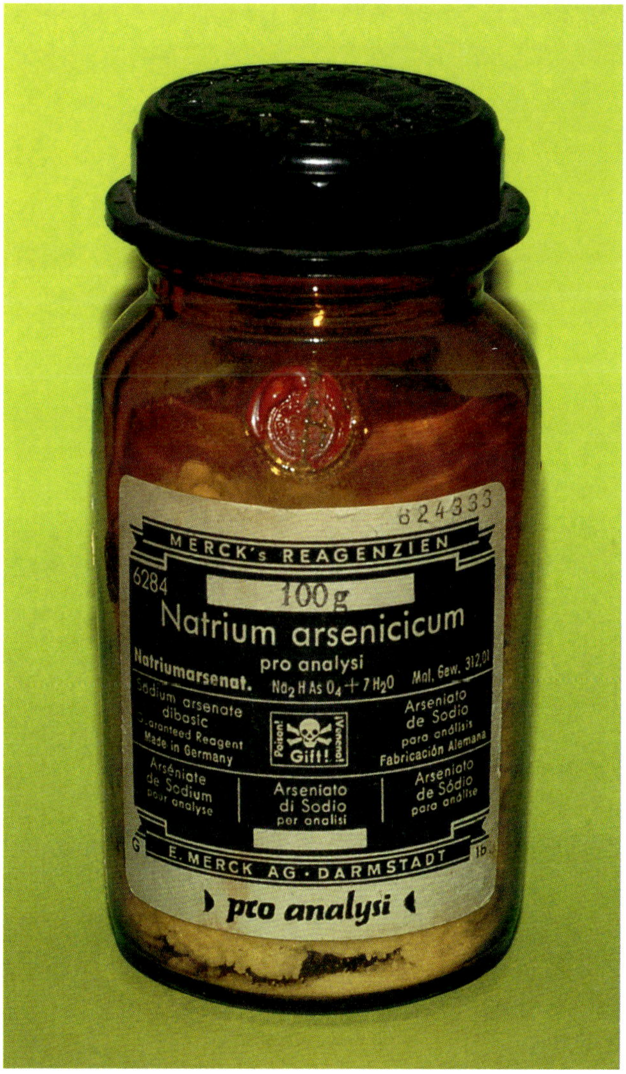

AGATHA CHRISTIE »BENUTZTE« HÄUFIG GIFT IN IHREN BÜCHERN.

AGATHA CHRISTIE VERDANKT IHREN ERFOLG DEM ARSEN! ALS SIE IN EINER APOTHEKE AUSHALF, VERSCHWAND DORT ARSEN UND TAUCHTE NIE WIEDER AUF. DAS INSPIRIERTE SIE ZU IHREM ERSTEN ROMAN „DAS FEHLENDE GLIED IN DER KETTE"

Ehebruchs (!) ins Gefängnis werfen ließ. Hätte er die beiden mal gelassen. Denn dort im Gefängnis lernte Sainte-Croix einen Italiener kennen, der einen schwunghaften Handel mit Giftmischungen trieb. Selbiger brachte seine Künste Sainte-Croix bei und dieser dann der Marquise selbst. Und sie war eine gelehrige Schülerin im Umgang mit dem Handel von selbst hergestellten, arsenhaltigen Giftmischungen, die hauptsächlich unter dem Namen ›eau admirable‹ bekannt wurden. Gelehrig bedeutet in diesem Fall: viel Übung. Unter anderem auch bei den Armen in den Hospitälern, wo sie die Wirkung ihrer Mischung beobachten wollte.

»Die Brinvilliers setzte ihren Gästen bisweilen vergiftete Taubenpasteten vor. Sie tat es nicht gerade, um sie ums Leben zu bringen, sondern nur um Beobachtungen über ihre Gifte anzustellen. Einige aber starben wirklich davon. Auch der Ritter von Guet hatte einst eine solche Mahlzeit bei ihr eingenommen. Das Gift verzehrte ihn aber nur ganz langsam. Er starb erst zwei oder drei Jahre nachher. Als die Unselige schon im Gefängnis saß, erkundigte sie sich nach ihm, ob er gestorben sei. Als man ihr sagte, dass er noch lebe, erwiderte sie: ›Er hat in der Tat ein zähes Leben‹ – Herr von Rochefoucault erzählte mir dies als eine wahre Begebenheit.«[50]

DAS SCHRIEB 1675 EINE ZEITGENOSSIN von der Marquise, Madame de Sévigné, die als Verfasserin von kulturgeschichtlich und stilistisch bedeutsamen Briefen bekannt wurde, an ihre Tochter. Es handelt sich um 1500 Briefe! Wir werden noch mehr von ihr hören bzw. lesen. Ihr Gesellenstück verübte die Marquise schon 1666 an ihrem Vater. Aus Rache, weil er ihren Geliebten ins Gefängnis hatte werfen lassen. Dann mussten ihre zwei Brüder und die Schwester daran glauben, »um sich zur Fortsetzung ihres schwelgerischen Lebens das ganze Familienvermögen anzueignen«, wie es im »Brockhaus« von 1894 hieß. Und damit sie endlich ihren Geliebten Sainte-Croix heiraten konnte, sollte auch noch der Marquis das Zeitliche segnen. Aber Sainte-Croix hatte schon gar keine Lust mehr auf eine Eheschließung. Und so begab sich ein wahrhaft makabres Geschehen im Hause Brinvilliers, das ebenfalls von der in ihren Briefen das Zeitgeschehen so wunderbar dokumentierenden Madame de Sévigné beschrieben wurde:

»Die Frau von Brinvilliers hatte Lust, den Sainte-Croix zu heiraten. Sie brachte, um diesen Plan ausführen zu können, ihrem Gemahl mehrmals Gift bei. Sainte-Croix aber, der gar keine Lust hatte, ein solches Weib zu heiraten, das ihm an Abscheulichkeiten gleichkam, suchte jederzeit, um die Ausführung dieses Plans zu verhindern, dem Marquis Gegengift beizubringen. So ward der unglückliche Ehemann nur dadurch am Leben erhalten, dass er, von den beiden Ungeheuern einander zugeschleudert, bald vergiftet, bald entgiftet wurde.«[51]

DAS MUSS MAN SICH MAL VORSTELLEN: Sie gibt Gift, Sainte-Croix zum Nachtisch das Gegengift! Und der arme Ehemann? Weiß er davon? Wieso isst er immer noch am selben Tisch mit ihr?

Aber auch für die mörderische Marquise kam das verdiente Ende. Beim Experimentieren mit Giftstoffen starb ihr Geliebter. In seiner Hinterlassenschaft fand man eine Truhe mit Giftfläschchen und mit verräterischen Schriften, welche die giftigen Untaten der Marquise offenlegten. Diese, ob der massiven Beweise gegen sie, flüchtete nach England, später nach Lüttich in ein Kloster. Durch eine List wurde sie wieder nach Frankreich gebracht, ihr wurde der Prozess gemacht, und sie wurde verurteilt:

»Sie wird daher zur wohlverdienten Strafe verurteilt, barfuß, mit einem Strick um den Hals und einer zwei Pfund schweren brennenden Kerze in der Hand, auf einem Karren an die Tür der Hauptkirche

WAHRSCHEINLICH IST AUCH DER PHILOSOPH RENÉ DESCARTES AN ARSENVERGIFTUNG GESTORBEN

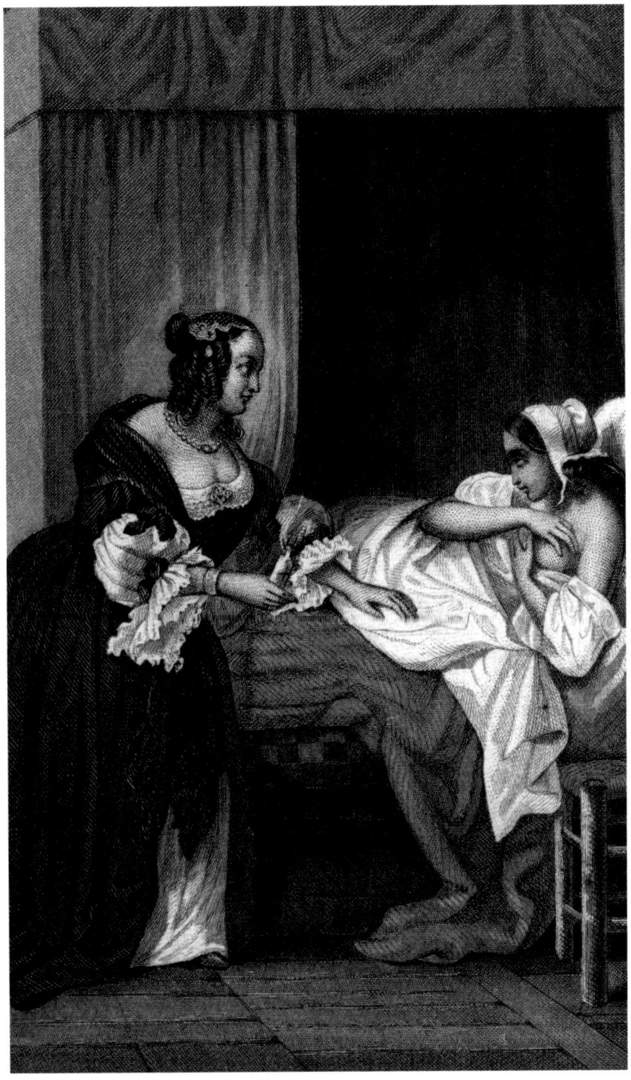

zu Paris gebracht zu werden, um daselbst Kirchenbuße zu tun und auf ihren Knien öffentlich zu bekennen, dass sie schändlicherweise sowohl aus Rachsucht und aus Geldgier ihren Vater und ihre zwei Brüder vergiftet und ihrer Schwester nach dem Leben getrachtet habe. Von da soll sie auf den Grèveplatz geführt und ihr auf einem dazu errichteten Schafott der Kopf abgeschlagen, ihr Körper verbrannt und die Asche in die Luft gestreut werden …«[52]

AM 16. JULI 1676 ENDETE SIE AUF DEM SCHAFOTT. Und auch die Zeitzeugin Madame de Sévigné war dabei, die einen Tag später in einem ihrer Briefe schreibt:
»Mit der Brinvilliers ist es nun vorbei. Sie befindet sich in der Luft. Ihr armer kleiner Körper wurde nach der Enthauptung in ein ungeheuer großes Feuer geworfen und ihre Asche in die Luft gestreut. Wir können sie nun einatmen, und wer weiß, mit was für giftmischerischen Launen uns diese Übertragung anstecken wird!«[53]
Wir wissen es: Danach haben noch etliche Menschen die Marquise tief, sehr tief eingeatmet!
Marie Lafarge hatte ich schon genannt. Mit Gesche Gottfried und mit der Marquise von Brinvilliers haben wir zwei des sogenannten Gift-Quartetts kennengelernt. Die beiden anderen waren die Geheimrätin Sophie Charlotte Elisabeth Ursinus und Anna Margaretha Zwanziger. Beider Leben verlief fast gleichzeitig. Die Zwanziger wurde 1760 geboren, ebenso wie die Geheimrätin Ursinus. Zwanzigers Leben endete 1811 und das der Geheimrätin 1836. Beide waren eifrige Giftmörderinnen. Beide benutzten den ›König der Gifte‹, wie das Arsen auch genannt wurde. Die eine – Zwanziger – endete auf dem Schafott durch den Henker, die andere – die Geheimrätin – starb eines natürlichen Todes, hatte nach ihrer Entlassung aus 30-jähriger

AUCH ASTRID LINDGRENS
JUNGER DETEKTIV
KALLE BLOMQUIST UNTERSUCHTE
EIN STÜCK SCHOKOLADE
MITHILFE DER MARSH'SCHEN
PROBE NACH ARSEN

DER MARSH-TEST ZUM NACHWEIS VON ARSEN

NAME, SYMBOL, ORDNUNGSZAHL ARSEN, AS, 33
SERIE HALBMETALLE GRUPPE, PERIODE, BLOCK 15, 4, P
AUSSEHEN METALLISCH GRAU, GELB ODER SCHWARZ
MASSENANTEIL AN DER ERDHÜLLE $6 \cdot 10^{-4}$ %

AUCH IM KÖRPER VON ÖTZI WURDE ARSEN GEFUNDEN. ER IST ABER SICHER NICHT DARAN GESTORBEN, WAHRSCHEINLICH HAT ER ES MIT SEINER NAHRUNG AUFGENOMMEN

 Gefangenschaft ein freies Leben geführt, in dem sie kräftig dafür sorgte, dass sie geehrt und geachtet wurde. »Sie starb also als eine Heilige«, hieß es im »Neuen Pitaval« von 1929, einer Sammlung alter Kriminalgeschichten.[54]

ABER DER REIHE NACH: Die Geheimrätin Ursinus wurde 1803 verhaftet, weil sie unter dem Verdacht stand, versucht zu haben, ihren Diener mit Arsen umzubringen. Nach und nach stellte sich bei der polizeilichen Untersuchung heraus, dass drei Jahre zuvor ihr Mann an dem Gift gestorben war, desgleichen ihre Tante und auch ihr ehemaliger Geliebter. Doch die Geheimrätin leugnete standhaft und wurde in der späteren Gerichtsverhandlung in Sachen Tod des Mannes und der Tante freigesprochen. Sie leugnete zwar ferner, ihren ehemaligen Geliebten umgebracht zu haben, fand da aber keinen Glauben vor Gericht. Nur die Beigabe von Arsen an ihren Diener gestand sie, gab aber keine Gründe an, weswegen sie es getan habe. Höchstens deswegen, um einmal auszuprobieren, wie so ein Gift wirke. Ihre Hausärzte sprachen für sie, die Gerichtsgutachter, die die Leichname exhumieren ließen und untersuchten, sprachen gegen sie und führten aus, dass sehr viel dafür spreche, dass die Todesursache Arsen gewesen sei. Wie gesagt, in zwei Fällen wurde sie freigesprochen, aber verurteilt wegen Mordes an ihrer Tante und versuchten Mordes an ihrem Diener (der übrigens die Arsengaben überlebte und erst 23 Jahre später starb). Die Ursinus wurde vom Kriminalsenat des Berliner Kammergerichtes am 12. September 1803 zu einem lebenslangen Arrest in der Schlesischen Festung Glatz verurteilt. 30 Jahre später »traf sie der Strahl der Gnade«, wie es im »Pitaval« heißt. Ab da lebte sie ein normales Leben, beteuerte weiterhin ihre Unschuld. Und sie gab viele Einladungen. Eine Kaffeegesellschaft bei einer verurteilten Giftmischerin, das war für viele ein prickelndes Erlebnis! Im »Pitaval« wird eine Anekdote erzählt, die wahr sein soll:

»Bei einer Abendgesellschaft soll eine Dame, als auf dem Salat einige Zuckerkörner ihr entgegenflimmerten, unwillkürlich gezuckt haben. Die Ursinus bemerkte es mit ihrem scharfen Blick und sagte spöttisch lächelnd: Seien Sie unbesorgt; es ist kein Arsenik.«[55]

Im April 1836 starb sie. In ihrem Testament verfügte sie viele Legate an Menschen und Organisationen, unter anderem auch eines an den Verein für die Besserung von Strafgefangenen.

GANZ ANDERS HINGEGEN sah das Ende der vierten Person des Gift-Quartetts aus. 25 Jahre vor dem Tod der Ursinus wurde Anna Margaretha Zwanziger hingerichtet. Und sie sagte sogar noch vor ihrem Tode, es sei schon gut, dass sie jetzt sterben müsse. Denn sie hätte es mit Sicherheit nicht geschafft, vom Morden mit dem Gifte abzulassen:

»Ich muss enden. Die Stunde schlägt bald, so meine Leiden aufhören werden. Beten Sie alle für mich. Der 17. September ist der Tag meines Todes, wo ich von Gott erhalte, was meine Taten mit sich bringen. Nun höre ich auf zu sein für diese Welt!«[56]

ABER WARUM HAT SIE GEMORDET?

»Was mein Herz so böse gemacht hat? Herr von W. ist daran schuld. ... Und sooft ich nachher etwas Böses tat, dachte ich bei mir selbst: Mit dir hat kein Mensch Mitleid gehabt. So habe denn auch kein Mitleid, wenn andere unglücklich sind.«[57]

Dieser Herr von W., er war sogar Freiherr von W., war ein ehemaliger Geliebter der Zwanziger. Nach einer kurzen Zwischenphase in einer anderen Stadt kehrte sie wieder zu ihm zurück. Aber er war auch schon auf Seitensprungpfaden unterwegs. Als die Zwanziger ein Kind von ihm bekam, reichte es ihm, und er wollte nichts mehr von ihr wissen. Das also war der Grund für ihre giftigen Untaten. Zumindest gab sie dies selbst an. Mit 19 Jahren heiratete sie am 5. Oktober 1778 auf Drängen ihres Vormundes den Notar Zwanziger.

»An einen Mann gebunden, den sie ›fürchtete wie das Kind die Rute‹, ungewohnt des beschränkten Stillebens, das gegen das heitere, geräuschvolle Treiben im Hause des Vormunds einen ihr unangenehmen Kontrast bildete, von ihrem Manne, der entweder seinem Beruf oder dem Trunke nachging, meistens der Einsamkeit überlassen, suchte sie anfangs den Verdruß der Langeweile mit Lesen zu töten.«[58]

MAN BEACHTE DIE WORTWAHL, dass sie die Langeweile »töten« wollte. Ein sicher wohlbedachtes Wort des Autors Anselm Ritter von Feuerbach, der als der Begründer der modernen deutschen Strafrechtslehre gilt (und auch als Vormund von Kaspar Hauser bekannt wurde). Mit diesem Wort weist er schon den Weg der Zwanziger. Über deren Leben könnte man ein, zwei Bücher schreiben. Oder fürs Fernsehen einen Fünfteiler. Aber ich gönne ihr hier nur ein – literarisch gesehen – kurzes Leben. Ihr Mann stirbt am Alkohol, sie wird Haushälterin bei einem Ehepaar. Sie vergiftet die Frau in der Hoffnung, den Witwer zu heiraten. Der will aber nicht. Dasselbe Spiel beim nächsten Arbeitgeber, der 1809 ebenfalls an Arsenvergiftung stirbt. Auch ihn wollte sie heiraten, der zog aber eine andere Frau vor. Aber auch hier, wie beim ersten Mal, fiel kein Verdacht auf sie. »Same procedure as every year« auch beim nächsten Arbeitgeber, einem Richter. Dessen Frau starb im Wochenbett und danach erkrankten noch der Richter selbst, Besucher sowie Dienstboten schwer. Jetzt wurde man auf die Zwanziger aufmerksam. Die ersten Opfer wurden exhumiert, und es wurde sofort anhand der unüblichen Verwesung der Leichen eine Arsenvergiftung erkannt. Und so begannen für die Zwanziger etliche Veranstaltungen: wegen Vergiftung ihrer Opfer Verhaftung durch die Polizei im Oktober

ARSEN IST EIN WICHTIGER (UND UNGEFÄHRLICHER) ZUSATZSTOFF FÜR HALBLEITER IN DER ELEKTRONIK, Z.B. IN DVD-PLAYERN.

1809, Verhandlung durch den Richter von April bis Juli 1810, Verenden durch den Henker September 1811.

ABER WIE ICH SCHON GESAGT HATTE, die Arsenmorde wurden weniger, nachdem die Marsh'sche Probe immer mehr und mehr verfeinert wurde. So mussten sich die mordwilligen Menschen auf Anderes besinnen. Lassen Sie mich einen Sprung ins 20. Jahrhundert machen. Obwohl es zwischen der Hinrichtung der Anna Zwanziger und meiner nächsten Protagonistin, Christa Lehmann heißt sie, und auch nach ihr noch viele und schreckliche Giftmorde gab. Und wir werden sehen, das Arsen ist immer noch in Mode. Einige der Giftmörder sollen hier noch kurz präsentiert werden:

› Lydia Sherman, amerikanische Polizistenfrau, wurde 1878 wegen elffachen Mordes mit Rattengift verurteilt.

› Johann Otto Hoch, deutschstämmiger Amerikaner, vergiftete zwischen 1890 und 1905 mindestens 15 seiner vielen Ehefrauen mit Arsen.

› Jane Toppan, amerikanische Krankenschwester, gab 70 Morde an ihren Patienten zu. Unter anderem wurden sie mit Morphium erledigt. 1901 wurde sie in eine Nervenheilanstalt eingewiesen.

› Amy Archer-Gilligan war Eigentümerin eines evangelischen Pflegeheimes in Großbritannien. 1917 wurde sie wegen nur eines Mordes an einem Heimbewohner verurteilt. Innerhalb von 5 Jahren waren in ihrem Heim 84 Personen verstorben. Viele davon an Arsen.

› Antoinette Scieri, eine italienischstämmige Französin, wurde 1926 wegen fünffachen Arsenmordes verurteilt.

› Marie Besnard soll zwischen 1927 und 1949 mindestens 13 Menschen mit Arsen vergiftet haben.

› Martha Marek, der »blonde Engel von Wien«, wurde 1938 in Österreich wegen vierfachen Mordes mit Thallium verurteilt und geköpft.

› Anna Hahn, deutschstämmige Amerikanerin, verübte zwischen 5 und 15 Giftmorde, alle mit Arsen. Sie war 1938 die erste Frau, die in Ohio auf dem elektrischen Stuhl hingerichtet wurde.

› Nannie Doss, Amerikanerin, genannt »Arsenic Annie«, brachte drei Ehemänner, ihre Mutter, zwei Schwestern und drei ihrer Kinder und Enkel mit Arsen um. 1964 wurde sie zu lebenslanger Haft verurteilt.

› Rudolf Zimmermann, Diakon und Krankenpfleger, soll zwischen 1970 und 1973 in verschiedenen Heimen Nordrhein-Westfalens zwischen 5 und 70 Menschen mit diversen Betäubungsmitteln umgebracht haben.

› Graham Young wurde 1972 in Großbritannien vom St. Albans Crown Court zu einer lebenslangen Strafe verurteilt. Wegen Serienmordes. Seine Opfer brachte er unter anderem mit Belladonna um (und wie wir schon gelesen haben, auf Anregung von Agatha Christies Erzählungen, auch mit Thallium).

› Arnfinn Nesset wurde von einem norwegischen Gericht 1983 wegen 22-fachen Mordes verurteilt. Für etliche seiner Morde verwendete er Curare.

› Genene Jones, Texanerin, wurde 1984 wegen Mordes an einem Säugling zu 99 Jahren verurteilt. Insgesamt soll sie 46 Babys oder Kleinkinder mit Herzmedikamenten und Curare-Derivaten ermordet haben.

› Terri Rachals ermordete in den USA mindestens elf Personen mit Kaliumchlorid. Wegen einer Persönlichkeitsstörung wurde sie 1986 lediglich wegen Körperverletzung verurteilt.

› Waltraut Wagner (»Wo die Traudl is, wird kräftig gsturbn!«) ermordete mit Kolleginnen im österreichischen Lainzer Klinikum 42 Patienten mit Insulin. 1991 wurden die »Todesschwestern von Wien« zu lebenslanger Haft bzw. zu 15 und 20 Jahren Haft verurteilt.

E 605 WURDE VON DEM DEUTSCHEN CHEMIKER GERHARD SCHRADER ENTWICKELT. DIE LETZTE DER ENTWICKLUNGSSTUFEN DES MITTELS GEGEN PFLANZENSCHÄDLINGE TRUG DIE NUMMER E 605

E 605 – SPRITZMITTEL GEGEN SCHÄDLINGE VON BAYER

UND GANZ SO WEIT ist jetzt der Sprung von Österreich nach Deutschland nicht. Wir befinden uns im Jahr 1954 in Worms.

Und eigentlich kehren wir damit wieder zurück zum Kapitel über Giftpilze. Denn an einem vergifteten Pilz, der aber, um es gleich zu sagen, kein echter ist, sondern eine Praline in Pilzform, stirbt am 15. Februar eine Freundin von Christa Lehmann. Die Pralinen hatte Christa Lehmann am Tage zuvor mitgebracht. Ihre Freundin Annie, welche die übrig gebliebene Praline sah, biss hinein und spuckte sofort wieder aus, weil der Schokopilz so ekelhaft schmeckte. Ihr wurde schlecht. Das ausgespuckte Teilchen fraß übrigens der Hund … Annies Mutter rief einen Arzt, aber bis der ankam, hatte der Tod sich sowohl Annie wie auch den Hund geholt. Da Annie unter schrecklichen Krämpfen starb, suchten die Gerichtsmediziner nach Giften, die solche Krämpfe auslösen konnten: Strychnin zum Beispiel. Aber es stellte sich kein Erfolg ein.

Zwischendurch eine kurze Beschreibung der Situation von Christa Lehmann: 1954 war sie 32 Jahre alt, ihre Mutter lebte als Geisteskranke in einer Pflegeanstalt, der Vater hatte zum zweiten Mal geheiratet. Wegen Diebstahls war Christa Lehmann schon einmal zu einer Bewährungsstrafe verurteilt worden. 1944 hatte sie ihren späteren Mann kennengelernt. Dieser war Alkoholiker und schlug sie ständig. Oft verbrachte er die Nacht woanders. Schon in der Hochzeitsnacht war er mit einer anderen Frau zusammen. Beide wohnten bei ihren Schwiegereltern. Die finanzielle Lage war zeitweise katastrophal. Um sich von ihren Problemen abzulenken, hatte Christa Lehmann immer wieder Affären. Nur ihre Schwiegermutter hatte so etwas wie Verständnis für sie. Sie riet ihr: »Wenn ich in deinen jungen Jahren wär', ich gäbe dem Alten was ins Fressen.«[59]

IM SEPTEMBER 1952 verstarb Christa Lehmanns Ehemann innerhalb kürzester Zeit. Diagnose des Arztes: Das schon lange andauernde Magengeschwür des Mannes war aufgebrochen. Christa Lehmann hatte freie Bahn für andere Männer, die sie des Öfteren zu sich einlud. Was wiederum ihrem Schwiegervater nicht passte. Ein Jahr nach seinem Sohn starb auch er. Die Diagnose: Herzversagen.

Aber nun zurück zu den Toxikologen und dem Tod von Annie und dem Hund. Es war ein wenig ein Stochern im Walde, was sie unternahmen. Dass da ein Gift mit im Spiel war, war ihnen klar. Aber welches? Der zuständige Gerichtsmediziner erinnerte sich aber an eine Veröffentlichung über das Pflanzenschutzmittel E 605. Und er wurde fündig. Er konnte nachweisen, dass Annie an diesem Gift gestorben war.

Zum ersten Mal war es den Rechtsmedizinern gelungen, E 605 im Körper nachzuweisen. Eine wichtige Stunde für die Toxikologie!

DAS NETZ UM CHRISTA LEHMANN zog sich zusammen, am Ende gestand sie die drei Morde. Dass Annie starb, war nicht vorgesehen. Annies Mutter sollte eigentlich sterben. Ihrem Mann Valentin hatte Christa Lehmann das Gift in die Frühstücksmilch getan, dem Schwiegervater in den Joghurt. Und wie war sie an das Gift gekommen? Ganz einfach. In einer Drogerie in Worms waren ihr einmal ein paar Schachteln mit der Aufschrift ›Gift‹ aufgefallen. Sie kaufte sich eine Schachtel mit mehreren Ampullen E 605. Ob es wirklich Gift war und wie es funktionierte, probierte sie an einem Dackel aus. Am 20. September 1954 begann ihr Prozess, der mit einer Verurteilung zu lebenslänglicher Haftstrafe endete. Christa Lehmann wurde jedoch 1977 entlassen.

ICH SELBST – das nur als kleine Anmerkung – hörte 1972 bewusst zum ersten Mal von diesem Gift. Dieter Wagner, einer der Lehrbe-

DER LEHMANN-PROZESS LÖSTE IN DEUTSCHLAND UND ÖSTERREICH EINE SELBSTMORDSERIE MIT E 605 AUS. SO STARBEN ETWA AM 5. MÄRZ 1954 ACHT MENSCHEN AN DEM GIFT! UND ES FANDEN AUCH SOGENANNTE ANSCHLUSS-VERBRECHEN MIT DIESEM SEINERZEIT NOCH FREIVERKÄUFLICHEN GIFT STATT

NANNIE DOSS

TODESTRAKT IM GEFÄNGNIS VON COLUMBUS / OHIO – HIER WARTETE AUCH ANNA MARIE HAHN AUF IHRE HINRICHTUNG.

SALVARSAN, DAS ERSTE ANTIBIOTIKUM ÜBERHAUPT, VON PAUL EHRLICH 1910 ENTWICKELT, ENTHIELT ARSEN

 auftragten der Münchner Journalistenschule und bei uns Schülern wegen seiner Persönlichkeit und seiner Fachkompetenz sehr beliebt, seines Zeichens auch Redakteur der »Süddeutschen Zeitung«, starb in diesem Jahr an einem mit E 605 vergifteten Magenbitter, der seinem Journalistenfreund Dagobert Lindlau, Chefreporter beim Bayerischen Rundfunk und Spezialist für organisierte Kriminalität, zugedacht war. Beide Journalisten hatten eine TV-Sendung vorbereitet mit dem Arbeitstitel »Erpressung, Trend zum Gewaltverbrechen«.

GIFTMORDE HABEN INSGESAMT gesehen abgenommen. Hatte man früher nur die Nachweismethode ›Tier‹ zur Verfügung (Reste des wahrscheinlichen Giftes wurden an Tiere verfüttert. Starben sie daran, war es Gift!), sind im Laufe der Jahrzehnte und Jahrhunderte die Verfahren verfeinert worden. Heute untersucht man mit physikalischen und chemischen Analysen unter anderem Blut, Mageninhalt, Urin oder Haare. Die Nachweismethoden werden immer sicherer und genauer. Aber:

»Die Toxikologen wussten, dass auf sie für unabsehbare Zeit neue Auseinandersetzungen, neue Begegnungen mit neuen Erscheinungs- und Anwendungsformen der Hydra Gift warteten …«[60]

SPRICH, NEUE HERAUSFORDERUNGEN in Form neuartiger Gifte warten auf das Entdecktwerden. Dennoch sagen die Toxikologen selbstbewusst: »Wenn Gift da ist, finden wir es!« Was aber auch heißt: »Da, wo es keinen Verdacht gibt, wird auch nicht gesucht.« Das wäre dann der perfekte Mord! Von dem Alfred Hitchcock einmal sagte: »Natürlich hat es schon perfekte Morde gegeben – sonst wüsste man ja etwas von ihnen!«

Der perfekte Giftmord wäre also der, bei dem man tötet, ohne dass jemand einen Verdacht hegt. Aber es gibt natürlich auch den perfekten Mord, bei dem das Opfer umkommt, das Gift vielleicht sogar entdeckt wird, der Täter aber nie – oder wie im Folgenden erst sehr viel später – gefasst wird.

Beispiel hierfür ist der Mordanschlag auf den ukrainischen Exilpolitiker Lew Rebet in München 1957. Bogdan Staschynkskij war ein KGB-Killer, der dem Exilpolitiker ein Blausäuregas ins Gesicht sprühte. Er selbst hat angeblich bei der Tat die Luft angehalten. Lew Rebet stirbt, sein Tod wird trotz einiger Unstimmigkeiten als Folge seines Herzleidens angesehen. Als Staschynskij viel später in den Westen überlief, glaubte man ihm zunächst den Mord nicht, obwohl er alles detailliert beschrieb.

EIN ÄHNLICHER FALL geschah 50 Jahre später, als 2004 auf den damaligen ukrainischen Präsidentschaftskandidaten Viktor Juschtschenko ein Giftanschlag mit Dioxin verübt wurde. Die Bilder seines entstellten Gesichts gingen seinerzeit um die Welt. In seinem Körper fand sich ein um das 50 000-fach erhöhter Normalwert der Dioxinkonzentration.

Der Politiker litt unter heftigen Bauch- und Rückenschmerzen, unter Bauchkrämpfen, Übelkeit und Erbrechen. Lange rätselten die Ärzte, was denn die Ursache seiner unerträglichen Schmerzen sei. Erst ein englischer Toxikologe kam auf die Idee einer Dioxinvergiftung. Denn Wochen nach der Vergiftung begann sich die Gesichtshaut von Juschtschenko zu verfärben, sie war anthrazitfarben aufgedunsen, zerfurcht und mit Pusteln durchzogen. Man war sich einig, es war Dioxin. Wer dem Politiker das Gift gegeben hatte, konnte niemand beantworten. Juschtschenko selbst verdächtigte die Russen, andere wiederum ihn selbst, um im Wahlkampf zu punkten. Und ich selbst werde den Teufel tun, hier einen Verdacht auszusprechen! Eines verbindet den Fall Juschtschenko mit der nächsten – und als letzte

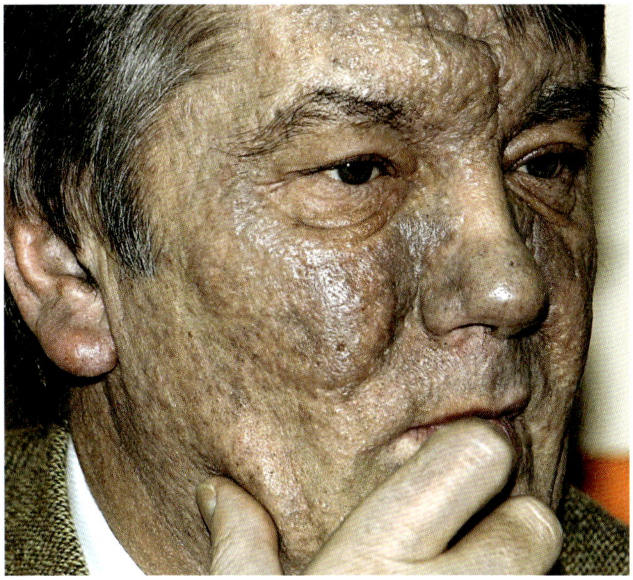

VIKTOR JUSCHTSCHENKO NACH DEM ATTENTAT

vorgestellten – Giftmörderin: Juschtschenko flog jeweils zu den Untersuchungen nach Wien. Der Chefchemiker des Wiener Instituts für Gerichtsmedizin Professor Walter Vykudilik hatte, wie er später erklärte, mangels geeigneter Geräte und auch als Folge der personellen und strukturellen Voraussetzungen im Institut die Dioxinvergiftung nicht erkennen können. Jahre zuvor aber war er berühmt geworden, weil er zur Lösung der Giftmorde der Elfriede Blauensteiner beitrug. Die Österreicherin wurde am 11. Januar 1996 verhaftet. Ihr krimineller Werdegang hatte mit einem Inserat begonnen: »Suche einsamen Mann, der sich nach einer häuslichen Witwe 62/166 sehnt.«

Alois P. meldete sich, und von nun an ging's bergab mit ihm. Elfriede Blauensteiner verabreichte ihm mehrmals in hoher Dosis Euglucon, ein Blutzucker senkendes Medikament, das zur Behandlung von Diabetes eingesetzt wird. Der Mann musste ins Krankenhaus. Die Zeit nutzte Frau Blauensteiner, indem sie sein Testament verbrannte und sich mithilfe eines Anwalts ein neues, auf sie bezogenes aufsetzen ließ. So wollte sie das Anwesen des Mannes erben. Einer Schenkung hatte er nicht zugestimmt. Sie konnte ihm noch die Passwörter für zwei Sparbücher entlocken und die Konten leer räumen. Nach einer erneuten Gabe des Medikaments lag der inzwischen nach Hause zurückgekehrte »Burli«, wie ihn die Blauensteiner nannte, stöhnend in seinem Bett. Elfriede Blauensteiner öffnete die Fenster, drehte die Heizung und dem Manne den Lebensfaden ab. Als ›trauernde Witwe‹ schrieb sie in der Todesanzeige von Alois P.: »Wenn die Kraft zu Ende geht, ist Erlösung Gnade.« Der Name Elfriede kommt aus dem Althochdeutschen und bedeutet unter anderem ›Kraft‹ und ›Stärke‹. Und diese besaß Elfriede Blauensteiner.

MIT ALL IHRER KRAFT wollte sie sich jetzt erst einmal ihrer Spielsucht hingeben. Aber ein Angehöriger des Toten Alois P. war misstrauisch geworden und hatte die Gendarmerie eingeschaltet. Bei ihrer Verhaftung gab Elfriede Blauensteiner zu, fünf Menschen »zu Tode gepflegt zu haben«, wie sie sich ausdrückte.

Im niederösterreichischen Krems begann im Frühjahr 1997 ein Prozess, der seinesgleichen suchte. Das lag nicht etwa an der kaltblütigen Zielstrebigkeit, mit der die Frau ihre Opfer zur Strecke gebracht hatte. Elfriede Blauensteiner war für die Massenmedien eine ideale Figur. Sie hatte immer einen Spruch auf den Lippen, war immer fröhlich und gut aufgelegt, abgesehen von einigen Malen, bei denen sie über ihre »schlechte Presse« schimpfte, sie war charmant, gepflegt und mitnichten ängstlich oder unsicher. Gelegentlich reckt sie auch einmal ein Kreuz in Richtung Pressevertreter. »Die Schlechtigkeit ist nicht in mir selbst«, sagte sie. »Sondern ausschließlich um mich herum. Wenn unter euch ein Vampir ist, so fällt er jetzt auf ein Häuferl Asche zusammen.«

Am Anfang hatte die Presse sie noch als »Schwarze Witwe« bezeichnet. Wie langweilig! Dann wurde sie ob ihrer Sprüche zur »Lustigen Witwe« (na ja!) und später dann zur »Mords-Omi« (schon origineller)! War sie irgendwo irgendwie für Journalisten erreichbar, bediente sie diese gerne. »Bereuen Sie die Tat?«, wird sie gefragt. »Nein. Der Burli hat sich die Totenruhe verdient.«

Der Richter fragt sie, warum denn der Herr P. so unterkühlt gewesen sei bei seinem Tode? »Wird ihm halt kalt gewesen sein!« Und: »Nach seinem Tod zog ich mich tief trauernd und schmerzvergrämt in meine Wohnung zurück.«

Sätze, die eifrig von den Journalisten notiert wurden und von den Zuhörern sofort weiterberichtet wurden. »Gemma Witwe schauen», war seinerzeit das Motto in Krems. Der Gerichtssaal war jedes Mal rappelvoll. Sie genoss die Popularität sichtlich.

ELFRIEDE BLAUENSTEINER IN IHRER BERÜHMTEN POSE MIT KREUZ

DIE GESCHICHTE DER ELFRIEDE BLAUENSTEINER WURDE UNTER DEM TITEL „DIE GOTTESANBETERIN“ VERFILMT

»Frau Blauensteiner, warum haben Sie so viele alte Menschen gepflegt«, will ein Reporter wissen. Antwort: »Soll ich mir einen Mann wie Sie ins Bett nehmen? Schauen Sie sich an, wie Sie ausschauen.« Und landete wieder einen medialen Pluspunkt.

Bei ihrer Verurteilung zu lebenslanger Haft wegen Mordes aus Habgier sagte sie nur noch zu den Reportern: »Macht's ordentliche Fotos von mir. I bin nämlich jetzt prominent!«

Das war 1997, sie wurde später in einem neuen Verfahren wegen zwei weiterer Morde angeklagt und verurteilt. Die Strafe spielte aber keine Rolle, da sie ja schon zu lebenslang verurteilt war.

»Sperren Sie mich ruhig ein! Lassen Sie mich bis zu meinem Sterben im Gefängnis«, sagte sie zuletzt. Und so war es auch. Im November 2003 starb sie in der niederösterreichischen Justizanstalt Schwarzau am Steinfeld an den Folgen eines Gehirntumors.

ES IST MÜSSIG ZU SAGEN, dass die Geschichte der Giftmorde nicht zu Ende ist. Beileibe nicht. Und wenn die Toxikologen sich noch so bemühen, letztlich stehen sie immer einen Schritt hinter den Verbrechern. Täglich entwickelt die Industrie neue Stoffe, die in hoher Dosis zu Gift werden können. Und es besteht kein Zweifel, dass es immer jemanden geben wird, der seine Probleme auf dem Wege des Giftmordes lösen will. Denn das ist ja – von außen gesehen – das Faszinierende an der Banalität des Bösen: Jemand kann sein Leben nicht leben, weil er gestört wird von einem anderen. Der muss weg! Viele Kriminalisten sagen, dass Frauen töten, um jemanden loszuwerden. Ob das mit Waffen, mit Gift oder mit anderen Mitteln geschieht, sei einmal dahingestellt. Der Störenfried wird zum Objekt, also weg mit ihm! Mit Grausamkeit und Heimtücke! Männer töten, um jemanden zu behalten, sagen die Kriminalisten weiter. Sie können es nicht aushalten, wenn sie verlassen werden.

SOWEIT ALSO DIESER – ganz persönliche – Spaziergang durch die Welt des Giftes. Ein Ausflug, bei dem ich etliche Ecken ausgelassen bzw. nur gestreift habe. Jeder Spaziergang kehrt am Ende in der Regel zum Ausgangspunkt zurück. Das waren bei mir die Schlangen. Und so ende ich mit einem Mordanschlag, bei dem Giftschlangen als Waffe benutzt wurden.

In der österreichischen Stadt Leoben schickte ein Mann seiner Freundin eine SMS, er werde sich das Leben nehmen, indem er sich von Giftschlangen beißen lasse. Die Frau schickte sofort die Polizei zu ihrem Freund.

Als die Polizisten in die Wohnung des Mannes eindrangen, hatte der – stark angetrunkene – Mann in jeder Hand eine hochgiftige, eineinhalb Meter lange Brillenschlange und ging auf die Polizisten los. Aus Notwehr schoss einer der Polizisten den Mann an, der zusammenbrach und dabei von einer der Kobras in den Unterarm gebissen wurde.

Dass der Amokläufer an dem Biss nicht sofort starb, lag wohl an der geringen Giftmenge, welche die Schlange abgegeben hatte.

Ein Jahr später hatte der Mann einen Prozess (bei dem er zu zweieinhalb Jahren Gefängnis verurteilt wurde) und 25 Operationen hinter sich. Der Mann war übrigens Mitglied bei einem Verein für Schlangenfreunde! Die Polizei entdeckte in seiner Wohnung insgesamt 60 Giftschlangen![61]

GIFTNOTRUFZENTRALEN IN DEUTSCHLAND, ÖSTERREICH UND IN DER SCHWEIZ

DEUTSCHLAND:

Baden-Württemberg **0761 19240**
Bayern **089 19240**
Berlin, Brandenburg **030 19240**
Bremen, Niedersachsen **0551 19240**
Mecklenburg-Vorpommern **0361 730730**
Nordrhein-Westfalen **0228 19240**
Rheinland-Pfalz, Hessen **06131 19240**
Saarland **06841 19240**
Sachsen, Sachen-Anhalt und Thüringen **0361 730730**
Schleswig-Holstein, Hamburg **0551 19240**

ÖSTERREICH:

Allgemeines Krankenhaus Wien **+43 1 4064343**

SCHWEIZ:

Schweizerisches Toxikologisches Informationszentrum Zürich
+41 44 2515151

UND DAS SOLLTEN SIE KLÄREN, BEVOR SIE ANRUFEN:

Vergiftung womit: Produktname, Bestandteile, Firma, Tier, Pflanze, Pilz
Wie: Oral, Inhalation, Hautkontakt
Wann: Zeitangabe und genaue Symptome
Weshalb: Sucht, irrtümliche Einnahme
Wie viel: Mengenangabe von Tabletten oder Flüssigkeit
Zustand des Betroffenen: ansprechbar oder bewusstlos
Wer: Alter, Geschlecht, Gewicht, allgemeine Verfassung

DANKSAGUNG

Mein ganz besonderer Dank geht an Professor Dr. Dietrich Mebs, ohne dessen Hilfe dieses Projekt nicht zustande gekommen wäre und der mit unendlicher Geduld meine Fragen beantwortet und das Manuskript durchgesehen hat. Sollten noch Fehler im Text stehen, dann geht das auf meine Kappe. Ein Dankeschön an meine Frau, die meine körperliche und geistige Abwesenheit während der Arbeit ertragen hat. Ein Dank auch an die Freunde, die mir trotz meiner aufdringlichen Begeisterung zugehört und Tipps gegeben haben. Ferner ein Dankeschön an den Verlag, der mit viel Geduld meine Passion erduldet und das Buch ermöglicht hat.

DAS VERWENDETE GIFT VIELER MEERESSCHNECKEN
GELANGT ÜBER DIE NAHRUNG IN IHRE KÖRPER.

ZITATE

1) Charles Baudelaire: Die Blumen des Bösen, Ditzingen 1992.
2) Interview mit Prof. Dietrich Mebs, Bayerischer Rundfunk 2006.
3) Dietrich Mebs: Gifttiere, 3. Auflage, Stuttgart 2010.
4) Prof. Dr. Otto zur Strassen (Hrsg.): Brehms Tierleben, 4. Auflage, Leipzig/Wien, 1915.
5) Frederick W. FitzSimons: Schlangen, Stuttgart 1948.
6) Ebd.
7) Brehms Tierleben, a. a. O.
8) Johann Friedrich Gmelin: Allgemeine Geschichte der thierischen und mineralischen Gifte, Erfurt 1806.
9) Wilhelm Busch: Hans Huckebein / Fipps der Affe / Plisch und Plum, Zürich 2003.
10) Frederick W. FitzSimons, a. a. O.
11) Jean de Maleissye: Storia dei veleni, Bologna 2008.
12) Johann Wolfgang von Goethe, in: Zahme Xenien VIII.
13) Zitiert nach Michael Gleich u. a.: Life Counts, Berlin 2000.
14) Zitiert nach Kalendergeschichten, Zürich 1982.
15) Interview mit Prof. Dietrich Mebs, Bayerischer Rundfunk 2006.
16) Medicinische Anekdoten Oder Sammlung besonderer Fälle welche in die Anatomie, Pharmaceutik, Naturgeschichte etc. einschlagen nebst einigen merkwürdigen Nachrichten von den berühmtesten Ärzten aus dem Französischen übersetzt, Frankfurt am Main / Leipzig 1767 // Faksimileausgabe, Zürich / München 1977.
17) Johann Reinhold Forster: »Beobachtungen während der Cookschen Weltumsegelung 1772 – 1775«, in: Brockhaus Antiquarium, Stuttgart 1981.
18) Georg Forster: Sämmtliche Schriften, Band 2, Leipzig 1843.
19) Siegbert Ferckel: »Hexensalbe! und ihre Wirkung«, in: KOSMOS, Band 50, 1954.
20) Zitiert nach Hugo Glaser: Gifte – Helfer und Dämonen, Wien 1959.
21) Hildegard von Bingen: Physica I, 52.
22) Gustav Meyrink: Erzählungen / Des Deutschen Spiessers Wunderhorn, München 1913.
23) William Shakespeare: Hamlet, Übersetzung August Wilhelm von Schlegel, Leipzig 1983.
24) Zitiert nach Lutz Roth, Max Daunderer, Kurt Kormann: Giftpflanzen, Pflanzengifte, Hamburg 2008.
25) Gustav Meyrink: Kardinal Napellus, Hagen-Berchum 2009.
26) Platon: »Phaidon«, in: Sämtliche Werke, Berlin 1940.
27) Dietrich Mebs: »Abenteuer Wissen«, ZDF, 30.6.2010.
28) Johann Friedrich Gmelin: Allgemeine Geschichte der Pflanzengifte, entworfen von Johann Friedrich Gmelin, der Arzneykunst Doktor, dieser und der Weltweisheit öffentlichen Lehrer auf der hohen Schule zu Göttingen, Nürnberg 1777.
29) Theodor Fontane: Wanderungen durch die Mark Brandenburg, München 1994.
30) Zitiert nach Wolf-Dieter Storl: Pflanzen der Kelten, Aarau / München 2000.
31) Zitiert nach Richard Dobel (Hrsg.): Lexikon der Goethe-Zitate, München 1995.
32) Ewald Gerhard Seeliger: Handbuch des Schwindels, Frankfurt am Main 1986.
33) Eric Ambler: Die Begabung zu töten, Zürich 1988.
34) Eugen Roth: Der Pilz-Fachmann, München 2006, S. 201.
35) Christian Rätsch: Enzyklopädie der Pflanzen, Aarau 1998.
36) Zitiert nach Schweiz Med Forum, 2004.
37) Christian Rätsch, a. a. O.
38) Rudolf Kobert: Zur Geschichte des Mutterkorns, Halle an der Saale 1889; zitiert nach Peter Schmersahl: »Mutterkorn: Halluzinogen und Auslöser von Vergiftungen«, in: Deutsche Apotheker Zeitung, 22.07.2010.
39) V. H. Bauer: Das Antonius-Feuer in Kunst und Medizin, Berlin 1973; zitiert nach Peter Schmersahl: »Mutterkorn: Halluzinogen und Auslöser von Vergiftungen«, in: Deutsche Apotheker Zeitung, 22.07.2010.
40) Ebd.
41) Nach Max Daunderer: Gifte im Alltag, 2. Auflage, München 2005.
42) Adelbert von Chamisso: Sämtliche Werke, Band 1, München 1975.
43) Christian Bolte, Klaus Dimmler: Schwarze Witwen und Eiserne Jungfrauen, Leipzig 1997.
44) Ebd.
45) Zitiert nach Frederik Hetmann (Hrsg.): Mord und Totschlag, Gift und Galle, Frankfurt am Main / Wien / Zürich 1968.
46) Josef Wilfling: Abgründe, München 2010.
47) Erika Eikermann, in SWR-Fernsehen »Odysso«, 12.06.2008.
48) Gustave Flaubert: Madame Bovary, übersetzt von Arthur Schurig, Frankfurt am Main 1976.
49) Zitiert nach Riva, Viganò: 365 delitti – uno al giorno, Mailand 1994.
50) Zitiert nach »Die Hölle«, in: Der Neue Pitaval, München / Wien / Basel 1963.
51) Ebd.
52) Ebd.
53) Ebd.
54) Karl Martin Schiller (Hrsg.): Geschichten aus dem Neuen Pitaval, Meersburg 1929.
55) Zitiert nach »Die Hölle«, in: Der Neue Pitaval, München / Wien / Basel 1963.
56) Zitiert nach »Giftmord«, in: Der Neue Pitaval, München / Wien / Basel 1963.
57) Ebd.
58) Anselm Ritter von Feuerbach: »Der Fall Anna Margaretha Zwanziger«, zitiert nach Gerhard H. Mostar, Robert A. Stemmle (Hrsg.): Giftmord, München / Wien / Basel 1964.
59) Zitiert nach Ernst Klee: »Die Geschichte der Giftmörderin«, in: DIE ZEIT, 36 / 1995.
60) Jürgen Thorwald: Das Jahrhundert der Detektive, Zürich 1965.
61) Zitiert nach Wiener Zeitung, 21.09.2004.

LITERATURNACHWEIS

Altmann, Horst: Giftpflanzen, Gifttiere, München / Wien / Zürich 2004
Amberger-Lahrmann, Mechthild / Schmähl, Dietrich: Gifte, Berlin / Heidelberg 1988
Ambler, Eric: Begabung zu töten, Zürich 1988
Arz, Martin: Todsicheres München, München 2009
Bartens, Werner / Halter, Martin / Walther, Rudolf: Letztes Lexikon, Frankfurt am Main 2002
Bauchot, Roland (Hrsg.): Schlangen, Augsburg 1994
Berenbaum, May R.: Blutsauger, Staatsgründer, Seidenfabrikanten, Heidelberg / Berlin / Oxford 1997
Bolte, Christian / Dümmler, Klaus: Schwarze Witwen und Eiserne Jungfrauen, Leipzig 1997
Chamisso, Adelbert von: Sämtliche Werke, Band 1, München 1975
Daunderer, Max: Gifte im Alltag, 2. Auflage, München 2005
Demandt, Alexander: Das Attentat in der Geschichte, Köln 2003
Der Drogist, Lehr- und Nachschlagebuch für Drogisten und Apotheker, Band 1, Nordhausen o. J.
Die lautlose Macht, Stuttgart / Zürich / Wien 1985
Dinand, A.: Taschenbuch der Krankenpflege und ersten Hilfeleistung, Esslingen / München 1914
Dobel, Richard (Hrsg.): Lexikon der Goethe-Zitate, München 1995
Doubek, Katja: Lexikon merkwürdiger Todesarten, Frankfurt am Main 2000
von der Dunk, Klaus: Gifttiere in aller Welt, Augsburg 1983
Duve, K. / Völker, T.: Lexikon berühmter Tiere, Frankfurt am Main 1997
Eis, Egon: Illusion der Gerechtigkeit, Düsseldorf / Wien 1965
Farin, Michael (Hrsg.): Polizeireport München, München 1999
Ferckel, Siegbert: »Hexensalbe und ihre Wirkung«, in: KOSMOS, Band 50, 1954
FitzSimons, Frederick W.: Schlangen, Stuttgart 1948
Flaubert, Gustave: Madame Bovary, Frankfurt am Main 1976
Fontane, Theodor: Wanderungen durch die Mark Brandenburg, München 1994
Friedrichsen, Gisela: Ich bin doch kein Mörder, Berlin 2006
Furneaux, Rupert: Gesammelte Leichen, Frankfurt am Main / Berlin / Wien 1971
»Giftig«, in: +report+, Berlin 2009
Glaser, Hugo: Gifte – Helfer und Dämonen, Wien 1959
Gleich, Michael u.a.: Life Counts, Berlin 2000
Habe, Hans: Meine Herren Geschworenen, München 1983
Hetmann, Frederik: Mord und Totschlag, Gift und Galle, Frankfurt am Main / Wien / Zürich 1968
Joger, Ulrich / Luckhardt, Jochen (Hrsg.): Schlangen und Drachen, Darmstadt 2007
Kalendergeschichten, Zürich 1984
Karger-Decker, Bernt: Gifte, Hexensalben, Liebestränke, Düsseldorf 2002
Klee, Ernst: Christa Lehmann – Das Geständnis einer Giftmörderin, Frankfurt am Main 1977
Köhler, Peter (Hrsg): Menschen beschimpfen Tiere, Leipzig 1998
Landgrebe, Erich: Abgrund der Herzen, Hamburg 1961
Lazzarato, Francesca: Arrivano i mostri, Florenz 1989
de Maleissye, Jean: Storia dei veleni, Bologna 2008
Mandel, Ernest: Ein schöner Mord, Frankfurt am Main 1988
Martinetz, Dieter / Lohs, Karlheinz: Gift, München 1986
Mebs, Dietrich: »Biologische Vielfalt und Diversität von Naturstoffen«, in: Naturwissenschaftliche Rundschau, 8/2010, Stuttgart 2010
Mebs, Dietrich: »Fischvergiftungen«, in: Forschung Frankfurt, 1/1994, Frankfurt am Main 1994
Mebs, Dietrich: »Giftabwehr bei Speikobras«, in: Naturwissenschaftliche Rundschau, 11/2010, Stuttgart 2010
Mebs, Dietrich: Gifttiere, 3. Auflage, Stuttgart 2010
Mebs, Dietrich: »Strategien des Gifteinsatzes bei Tieren«, in: Universitas, 4/1994, Stuttgart 1994
Mebs, Dietrich: »Der Tod von Christine A. oder das fast perfekte Verbrechen«, in: G. Kauert, D. Mebs, P. Schmidt (Hrsg.): Kausalität. Forensische Medizin, Toxikologie, Biologie, Biomechanik und Recht, Berlin 2006
Mebs, Dietrich: »Was steuert die Giftigkeit bei Tieren?«, in: Biologie unserer Zeit, 4/2009, Weinheim 2009
Medicinische Anekdoten Oder Sammlung besonderer Fälle welche in die Anatomie, Pharmaceutik, Naturgeschichte etc. einschlagen nebst einigen merkwürdigen Nachrichten von den berühmtesten Ärzten aus dem Französischen übersetzt, Frankfurt am Main / Leipzig 1767 // Faksimileausgabe, Zürich / München 1977
Meyrink, Gustav: Erzählungen, München 1913
Meyrink, Gustav: Kardinal Napellus, Hagen-Berchum 2009
Mostar, Gerhard H. / Stemmle, Robert A. (Hrsg.): Giftmord, München / Wien / Basel 1964
Mostar, Gerhard H. / Stemmle, Robert A. (Hrsg.): Der Neue Pitaval, München / Wien / Basel 1963
Murakami, Peter / Murakami, Julia: Lexikon der Serienmörder, 5. Auflage, München 2001
Oberbeil, Klaus: Die tägliche Dosis Gift, München 2011
Oftring, Bärbel / Cölsch, Stefan: Kosmos Natursammelsurium, Stuttgart 2007
Owen, David: 40 Kriminalfälle und wie sie gelöst wurden, Köln 2000
Pfeiffer, H.: Die Spuren der Toten, Leipzig 1994
de Pitaval, François Gayot: Unerhörte Kriminalfälle, Köln 1998
Prodöhl, Günter: Kriminalfälle ohne Beispiel, Berlin 1965
Prokop, Otto / Göhler, Werner: Forensische Medizin, Stuttgart / New York 1976
Püstow, Hendrik / Schachner, Thomas: Jack the Ripper, Berlin 2010
Rätsch, Christian: Enzyklopädie der psychoaktiven Pflanzen, Aarau / München 1998
Rätsch, Christian: Pilze und Menschen, Aarau / München 2010
Richardson, Matthew: Das populäre Lexikon der ersten Male, Frankfurt am Main 2000
Riva / Viganò: 365 delitti – uno al giorno, Mailand 1994
Roth, Lutz / Daunderer, Max / Kormann, Kurt: Giftpflanzen, Pflanzengifte, Hamburg 2008
Rückert, Sabine: Tote haben keine Lobby, Hamburg 2000
Ruska, Julius: Arabische Giftbücher, Sonderdruck aus: Fortschritte der Medizin, Berlin 1932
Schaeffer, Max-Pierre: Mörder aus gutem Hause, München / Berlin 1982
Schiller, Karl M. (Hrsg.): Geschichten aus dem Neuen Pitaval, Meersburg 1929
Schmidt, Peter: Auf frischer Tat …, Leipzig 2009
Seeliger, Ewald G.: Handbuch des Schwindels, Frankfurt am Main 1986
Sling: Richter und Gerichtete, München 1977
Somerset, Anne: Die Giftaffäre, Essen 2003
Souček, Ludvik: Fragezeichen über Gräbern, Berlin 1982
Spitra, Helfried (Hrsg.): Die großen Kriminalfälle 2, München 2005
Stemmle, Robert A. (Hrsg.): Der Neue Pitaval. Indizien, München 1966
Storl, Wolf-Dieter: Pflanzen der Kelten, Aarau / München 2000
Theurillat, Michael: Eistod, Berlin 2008
Thiess, Richard: Mordkommission, München 2010
Thorwald, Jürgen: Das Jahrhundert der Detektive, Zürich 1965
Tsokos, Michael: Dem Tod auf der Spur, 2. Auflage, Berlin 2009
von Uthman, Jörg: Killer, Krimis, Kommissare. Kleine Kulturgeschichte des Mordes, München 2006
Von Mörders Hand, Freiburg im Breisgau 1981
Wilfling, Josef: Abgründe, München 2010
Wirth, Ingo: Tote geben zu Protokoll, Augsburg 2001
Zerling, Clemens: Lexikon der Pflanzensymbolik, Baden / München 2007

STICHWORTVERZEICHNIS

DAS SYMBOL

BIOGEFÄHRDUNG (englisch ›Biohazard‹ – Kurzform von ›biological hazard‹) kennzeichnet konkrete biologische Gefahrenpunkte für Menschen und Umwelt, die von biologischen Substanzen oder Organismen ausgehen.

IMPRESSUM

www.grubbemedia.de

Autor: Stefan Wilfert
Gestaltung/Bildredaktion: Iris Streck, agenten.und.freunde, München, a-u-f.de
Lektorat/Schlusskorrektorat: B. Besserer, R. Dingemann, Dr. U. Kretschmer
Druck: Passavia Druckservice GmbH & Co. KG

Printed in Germany

ISBN: 978-3-942194-09-9

Die Deutsche Nationalbibliothek verzeichnet diese Publikation in der Deutschen Nationalbibliografie; detaillierte bibliografische Daten sind im Internet unter www.dnb.de abrufbar.

MIX Aus verantwortungsvollen Quellen FSC® C022274

Wir drucken klimaneutral mit natureOffice

Bildnachweis: Corbis: 85 (Visuals Unlimited), 188 (Bettmann), 189 (Bettmann); Fotoarchiv Dr. D. Mebs: 33, 39, 42, 43, 54, 58, 59, 72, 78, 90, 93 (4), 102, 103, 109, 131, 159, 162, 177, 184, 187; Fotolia.com: 15 (rook76), 23 (Matteo), 26f. (nra), 30 (hotshotsworldwide), 31 (mihail1981), 37 (14ktgold), 51 (ven Klimmer), 67 (S.Kobold – Fotolia.com), 80f. (Nyberg), 82 oben (Ressi), 82 Mitte links (vilainecrevette), 82 unten (Marina Lohrbach), 96f. (kaschibo), 98f. (John Anderson), 108 (YUN_1), 117 (emer), 118 (macroart), 126f. (emer), 128f. (Ullicita), 132 oben (Punkt Design), 132 unten (Marnel Tomic), 142 (rboehme), 155 (Tarabalu), 156f. (Ingo Bartussek), 164 (bofotolux), 170 (anteys), 195 (NatalieJean); iStockphoto: 4, 10, 13, 21, 44, 53, 61, 64f., 68, 75, 79, 86f., 88f., 112, 114, 132 Mitte rechts, 132 Mitte links, 134f., 138, 140f., 146f., 150, 151, 158, 160; mauritius images GmbH: 18f. (AGE), 24f. (Ingo Schulz), 34f. (Thorsten Milse), 48f. (Emanuele Biggi/FLPA), 62f. (Rolf Nussbaumer), 76f. (Minden Pictures), 100f. (Reinhard Dirscherl), 104 (Pacific Stock), 106f. (Minden Pictures), 124f. (CuboImages); P. Brodmann: 28; picture alliance: 148 (Wildlife), 166f. (Zhu Lingfei), 168 (Sanjeev Gupta), 173 (akg-images), 174 (3190733), 178 (Marijan Murat), 180 (Leemage), 183 (akg-images), 185 (UPI), 186 (dpa), 191 (epa apa Oczeret), 192 (Votava); Shutterstock: 16 (Pan Xunbin), 38 (Eric Isselée), 40f. (Giancarlo Liguori), 47 (2happy), 56f. (Cathy Keifer), 70 (irin-k), 71 (Charles T. Bennett), 82 Mitte rechts (Daleen Loest), 94f. (Cigdem Sean Cooper), 110f. (Nick Poling), 120 (hjschneider), 123 (Le Do), 130 (Falk Kienas), 137 (Le Do), 145 (Lumir Jurka »Lumis«), 152 (Martin Fowler)